矢野 忠

四元数の発見

海鳴社

はしがき

　このたびこの書『四元数の発見』を発行することとなった．すでに海鳴社は大著である，堀源一郎著『ハミルトンと四元数』(2007)を発行されている．あわせて四元数の理解と普及に資することができればいいと思う．
　この書の発刊にあたっては同社社長である辻信行氏の強いお勧めがあり，それも忍耐強く長い間待って頂いたが，ようやく本書を読者の皆様にお目にかける機会を得たことを著者として喜んでいる．
　ベクトルの出現によって四元数は一度歴史の水底に沈んでいたのであるが，アニメに代表される3次元コンピュータグラフィックス (3DCG) において最近四元数がもっぱら使われるようになったことが，四元数を再び世に生き返らせた主な理由であろう．そのことがこの書が出る遠因となった．
　しかし，どうも四元数とはよくわからないものだという印象が私にはあった．あまり深刻には考えないで四元数を使って創造的な仕事をすればよいという立場もあるだろうが，やはりHamiltonが四元数を考え出した原点に帰って理解したいという気持ちが強かった．
　すべての学生，技術者および研究者が私と同じ気持ちを抱くかどうかはわからないが，Hamiltonが四元数を考案した創造の秘密や四元数と回転の関係をできるだけ理解したいと思った，その気

はしがき

持ちの一端を汲んで頂ければ，著者としてこれ以上の喜びはない．

この書は数式が多くて難しそうに見えるかもしれないが，実は読むための予備知識として必要とされるのは行列のかけ算とベクトルのスカラー積およびベクトル積だけである．SO(3) だの SU(2) だのという難しそうな用語を使っているが，それはこけおどしであって，行列のかけ算を知っていれば，困ることはない．あくまで高校数学の範囲の知識だけでちょっとした根気があれば，読み通せると思う．三角関数と指数関数の Maclaurin 展開を一部用いているが，これはほんの一部であるので，わからなければとばしてもらっても全体の理解に支障はない．

この書物は元々『数学・物理通信』[1]（編集：新関章三，矢野忠）というメールで無料配布している，サーキュラーに連載したものである．それぞれの回の原稿を書く際にいろいろ呻吟して，あまり出ない知恵を絞って書いた．

その中で多くの文献を参考にさせて頂いたが，そのとりあげ方はひょっとしたら，それらの文献の著者の方々が意図されなかった方向になっているかもしれない．

もし，多くの参考文献の著者の方々の本意を捻じ曲げる結果になっているとすれば，その点はお許しを頂きたい．

私は四元数の専門家ではないし，また四元数を使って日頃作業をしているプロでもない．そのことをまずはっきりさせておきたい．もし誤りに気がつかれた方はどしどし出版社宛てにご指摘をお願いしたい．

矢野　忠

---

[1] バックナンバーはすべて www.phys.cs.is.nagoya-u.ac.jp/ tanimura/math-phys/ で見ることができる．

目 次

はしがき　　　　　　　　　　　　　　　　　　　　　　　i

第1章　四元数に近づく　　　　　　　　　　　　　　　1
　1.1　はじめに 1
　1.2　四元数 3
　1.3　四元数を用いた恒等式の証明 7
　1.4　おわりに 11
　1.5　参考文献1 12

第2章　四元数の発見　　　　　　　　　　　　　　　13
　2.1　はじめに 13
　2.2　数のもつべき性質 13
　2.3　第3の元の導入 14
　2.4　四元数の発見 16
　2.5　四元数の代数系 21
　2.6　絶対値の条件 23
　2.7　四元数の除法 25
　2.8　四元数の数としての性質 26
　2.9　おわりに 27
　2.10　参考文献2 27

iii

第 3 章　Hamilton のノートの解読　　28
- 3.1　はじめに　. 28
- 3.2　Hamilton のノート　. 28
- 3.3　Euler の公式の四元数版　. 42
- 3.4　おわりに　. 47
- 3.5　付録 3　3 次元極座標　. 47
- 3.6　参考文献 3　. 48

第 4 章　四元数と空間回転 1　　49
- 4.1　はじめに　. 49
- 4.2　目的の提示　. 49
- 4.3　四元数とその積　. 51
- 4.4　四元数による空間回転　. 55
- 4.5　四元数の虚部と 3 次元空間　. 58
- 4.6　簡単な例　. 60
- 4.7　おわりに　. 61
- 4.8　付録 4　. 62
  - 4.8.1　付録 4.1　ベクトル記法による qvr の実部の計算　. 62
  - 4.8.2　付録 4.2　(4.2.1) が空間回転を表すこと　. 64
  - 4.8.3　付録 4.3　$\overline{xy} = \bar{y}\bar{x}$ の証明　. 66
- 4.9　参考文献 4　. 68

第 5 章　四元数と空間回転 2　　70
- 5.1　はじめに　. 70
- 5.2　疑問　. 71
- 5.3　一つの例　. 72
- 5.4　2 回の鏡映変換による空間の回転　. 73
  - 5.4.1　前提条件　. 73

	5.4.2	ベクトルの鏡映変換	73
	5.4.3	四元数によるベクトルの鏡映変換	74
	5.4.4	2回の鏡映変換による空間回転	77
5.5	おわりに		79
5.6	付録 5		80
	5.6.1	付録 5.1　(5.4.6) と (5.4.7) の導出	80
	5.6.2	付録 5.2　実部のない四元数の積の順序の交換と共役四元数	81
5.7	参考文献 5		82

第 6 章　四元数と空間回転 3　　　　　　　　　　　　　　83

6.1	はじめに	83
6.2	同形写像	84
6.3	直交補空間	86
6.4	v の大きさの保存	92
6.5	四元数表現から SO(3) 表現へ	93
6.6	おわりに	96
6.7	付録 6	97
	6.7.1	付録 6.1　$\overline{qvq^{-1}}$ の計算	97
	6.7.2	付録 6.2　(6.5.8) は直交変換である . . .	97
6.8	参考文献 6	101

第 7 章　空間回転と SU(2)　　　　　　　　　　　　　　102

7.1	はじめに	102
7.2	SU(2) の表現	103
7.3	SO(3) との同等性	108
7.4	おわりに	112
7.5	付録 7	113
	7.5.1	付録 7.1　Pauli 行列の求め方	113

		7.5.2	付録 7.2	(7.2.3) の行列の由来	113
		7.5.3	付録 7.3	2行2列のユニタリー行列 . . .	115
		7.5.4	付録 7.4	i, j, k と $\sigma_1, \sigma_2, \sigma_3$ の対応 . . .	115
		7.5.5	付録 7.5	トレースとエルミート	118
	7.6	参考文献 7			118

第 8 章 ベクトルの空間回転　　120

	8.1	はじめに	120
	8.2	ベクトルの空間回転	121
	8.3	行列による表示	124
	8.4	おわりに	125
	8.5	付録 8　$\overline{\mathrm{NP}} = \overline{\mathrm{NR}}$ の証明	126
	8.6	参考文献 8	127

第 9 章 Euler 角と空間回転　　128

	9.1	はじめに	128
	9.2	回転の自由度	129
	9.3	Euler 角による空間回転	134
	9.4	回転行列の条件	138
	9.5	おわりに	140
	9.6	付録 9	141
		9.6.1	付録 9.1	(9.2.17)-(9.2.19) の導出	141
		9.6.2	付録 9.2	a_{ij} の間の条件	142
		9.6.3	付録 9.3	Euler 角の記号	143
		9.6.4	付録 9.4	行列 A の計算	145
		9.6.5	付録 9.5	$|\mathsf{A}| = 1$ の直接の証明	146
		9.6.6	付録 9.6	Gimbal lock の現象	147
		9.6.7	付録 9.7	Gimbals	149
	9.7	参考文献 9	150

第 10 章 球面線形補間　　152

- 10.1 はじめに.................. 152
- 10.2 補間とはなにか.............. 153
- 10.3 線形補間................... 153
- 10.4 球面線形補間 1.............. 157
- 10.5 球面線形補間 2.............. 159
- 10.6 四元数の球面線形補間......... 162
- 10.7 おわりに.................. 165
- 10.8 付録 10................... 166
  - 10.8.1 付録 10.1　k_0, k_1 の別の導出...... 166
  - 10.8.2 付録 10.2　$u \to 0$ のとき $f(u) \to u$ となる関数..... 167
  - 10.8.3 付録 10.3　球面線形補間の導出 3.... 168
  - 10.8.4 付録 10.4　球面線形補間の導出 4.... 170
  - 10.8.5 付録 10.5　球面線形補間の導出 5.... 172
  - 10.8.6 付録 10.6　Gram-Schmidt の正規直交化. 174
  - 10.8.7 付録 10.7　$\mathbf{w}$ の代入計算........ 175
  - 10.8.8 付録 10.8　四元数の差分......... 176
  - 10.8.9 付録 10.9　(10.6.2) の計算........ 176
  - 10.8.10 付録 10.10　四元数の極形式表示..... 177
  - 10.8.11 付録 10.11　四元数の指数関数, 対数関数, べき乗.................. 179
  - 10.8.12 付録 10.12　(10.8.14) の導出...... 182
- 10.9 参考文献 10................ 186

第 11 章 四元数の広がり　　187

- 11.1 はじめに.................. 187
- 11.2 四元数に近づく.............. 188
- 11.3 四元数の発見............... 189

11.4 四元数と空間回転 189
  11.5 四元数から八元数へ 190
  11.6 四元数とベクトル代数 191
  11.7 四元数と球面三角法 192
  11.8 四元数の応用 192
  11.9 その他の文献 193
  11.10 参考文献 11 194

第 12 章 補注   **197**

  12.1 $\sqrt{-1}$ の定義 197
  12.2 四元数の直交の概念 199
  12.3 $1, i, j, k$ の行列表示 202
  12.4 Gimbals lock の自由度 205
  12.5 参考文献 12 206

あとがき   **207**

第1章 四元数に近づく

1.1 はじめに

　この書では主として四元数とそれに関係したテーマについて述べていくが，その導入として四元数を用いた Cauchy-Lagrange の恒等式の証明を行う．

　さて Cauchy-Lagrange の恒等式をご存知だろうか．文字数の少ない順に書いていくと

$$(a^2 + b^2)(x^2 + y^2)$$
$$= (ax + by)^2 + (ay - bx)^2 \tag{1.1.1}$$
$$(a^2 + b^2 + c^2)(x^2 + y^2 + z^2)$$
$$= (ax + by + cz)^2 + (ay - bx)^2 + (bz - cy)^2 + (cx - az)^2 \tag{1.1.2}$$

$$(a^2 + b^2 + c^2 + d^2)(x^2 + y^2 + z^2 + w^2)$$
$$= (ax + by + cz + dw)^2 + (ay - bx)^2 + (az - cx)^2$$
$$+ (aw - dx)^2 + (bz - cy)^2 + (bw - dy)^2 + (cw - dz)^2 \tag{1.1.3}$$

等である．

　これらの内で (1.1.1) は Cauchy-Lagrange の恒等式とは普通は呼んでいないようだが，ここでは都合上 Cauchy-Lagrange の恒等式に含め，これらの恒等式 (1.1.1), (1.1.2), (1.1.3) をそれぞれ

第 1 章　四元数に近づく

便宜上 2 次，3 次，4 次の Cauchy-Lagrange の恒等式と呼ぶことにしよう．

中学生くらいの代数の知識があれば，これらの恒等式を証明することは何でもない．たとえば，(1.1.1) は

$$
\begin{aligned}
&(a^2+b^2)(x^2+y^2) \\
&= a^2x^2 + a^2y^2 + b^2x^2 + b^2y^2 \\
&= (a^2x^2 + 2abxy + b^2y^2) + (a^2y^2 - 2abxy + b^2x^2) \\
&= (ax+by)^2 + (ay-bx)^2
\end{aligned}
$$

と証明できる．同様に (1.1.2) は

$$
\begin{aligned}
&(a^2+b^2+c^2)(x^2+y^2+z^2) \\
&= a^2x^2 + a^2y^2 + a^2z^2 + b^2x^2 + b^2y^2 + b^2z^2 + c^2x^2 + c^2y^2 + c^2z^2 \\
&= (ax+by+cz)^2 - (2abxy + 2bcyz + 2cazx) \\
&\quad + (a^2y^2 + a^2z^2 + b^2x^2 + b^2z^2 + c^2x^2 + c^2y^2) \\
&= (ax+by+cz)^2 + (ay-bx)^2 + (bz-cy)^2 + (cx-az)^2
\end{aligned}
$$

と証明できる．また，同様な方法で (1.1.3) を証明することもできる．

しかし，(1.1.1) にはつぎのような複素数を用いた証明もある．

いま，$a^2+b^2 = (a+ib)(a-ib)$, $x^2+y^2 = (x+iy)(x-iy)$ と虚数単位 $i \equiv \sqrt{-1}$ を用いて表せば，

$$a+ib,\ a-ib,\ x+iy,\ x-iy$$

はいずれも複素数であるから，積の順序が交換可能である．

$$(a^2+b^2)(x^2+y^2) = (a+ib)(a-ib)(x+iy)(x-iy)$$

は積の順序を入れ替えて

$$\begin{aligned}&(a^2+b^2)(x^2+y^2)\\&=(a+ib)(x-iy)(a-ib)(x+iy)\\&=[(ax+by)-i(ay-bx)][(ax+by)+i(ay-bx)]\\&=(ax+by)^2+(ay-bx)^2\end{aligned}$$

としても証明できる．

このような証明ができるとすれば，(1.1.2) の証明はできないかもしれないが，(1.1.3) の証明がこの複素数を用いた証明と同様にできるのではないかと予想される．

実は2次の Cauchy-Lagrange の恒等式の証明をまねて，4次の Cauchy-Lagrange の恒等式の証明を試みてみたが，その証明は頓挫してしまった．その後，その証明が四元数といわれる数を用いてできることを文献 [1][2] に見出した．

まず次節で四元数とは何かを説明し，その後，四元数を用いて 4 次の Cauchy-Lagrange の恒等式を導こう．

1.2 四元数

四元数とは何か．文字通り 4 つの元 (element) からできている数であり，これは複素数の拡張と考えられる [1]．

いま a, b, c, d を 4 つの実数としたとき，四元数 α を 2 つの複素数 $a+bi, c+di$ を用いて

$$\alpha = (a+bi)+(c+di)j \tag{1.2.1}$$

---

[1] 詳しい四元数の発見のプロセスは第 2 章に述べる．

で定義する．この第2項を分配法則を用いて展開すれば，

$$\alpha = a + bi + cj + dij \tag{1.2.2}$$

となるが，いま $ij = k$ とおけば，

$$\alpha = a + bi + cj + dk \tag{1.2.3}$$

と表せる．もし (1.2.3) で $c = d = 0$ とすれば，α は複素数になる．

ところで，いま黙って導入した j, k は虚数単位 i ときわめてよく似たものであり，$j = \sqrt{-1}, k = \sqrt{-1}$ が成り立つが，i とは独立である[2]．これらの i, j, k に 1 をつけ加えて，これらを四元数の基底という．

一般に任意の2つの四元数の積をつくれば，ij の積だけではなく，積 jk と ki とそれらの積の順序が入れ替わった積 ji, kj, ik が出てくる．それで，それらの積がそれぞれ 1, i, j, k の1次結合で表されるとすれば，数として積に関して閉じている．加法については a, b, c, d を実数にとることにすれば，閉じているからまったく問題はない．

四元数の発見者 Hamilton は 4 つの基底 1, i, j, k の間の積について成り立つ，つぎのような関係を見つけた．

まず 1 は乗法の単位要素で，かつ

$$i^2 = j^2 = k^2 = ijk = -1 \tag{1.2.4}$$

$$ij = -ji = k \tag{1.2.5}$$

$$jk = -kj = i \tag{1.2.6}$$

$$ki = -ik = j \tag{1.2.7}$$

である．

---

[2] $\sqrt{-1}$ はここでは四元数 $\alpha^2 = -1$ の解を表している．四元数では -1 の平方根は無数にある．詳細は巻末の補注 12.1 を参照せよ．

1.2. 四元数

ここでは (1.2.4)-(1.2.7) の関係は天下りであるが，第 2 章でそれを発見法的に導く．

これらを一括した四元数の基底の乗積表を表 1.1 に示す．この

表 1.1: 乗積表

	1	i	j	k
1	1	i	j	k
i	i	-1	k	$-j$
j	j	$-k$	-1	i
k	k	j	$-i$	-1

四元数の基底の乗積表の見方を述べておく．表 1.1 の一番左側の欄の 1, i, j, k と表 1.1 の一番上の欄の 1, i, j, k とで積をつくる．このときに左側の因子が前に来るように積をつくる．例えば，表 1.1 の上から 3 行目の i と左から 4 列目の j との積は

$$ij = k$$

と読む．表 1.1 には積の結果しか書いていない．

この四元数は複素数のレベルから見れば，虚数単位 i にさらに 2 つ j, k という独立な基底を付加した数である．この関係で特徴的なことは i, j, k のうちから異なった基底を 2 つとった積，たとえば，積 ij はとられなかった第 3 の基底 k に等しい．すなわち，$ij = k$ となっている．また積の順序を変えて ji とすれば，$ji = -k$ となり，積の順序が交換できない．

ある四元数 α の共役を $\bar{\alpha}$ と表せば，

$$\bar{\alpha} = a - bi - cj - dk \tag{1.2.8}$$

5

第 1 章　四元数に近づく

である．これは複素数における共役複素数を一般化したものと考えれば，理解しやすいであろう．

　この共役をとるという操作にはつぎのような関係がある．

$$\overline{\alpha \pm \beta} = \bar{\alpha} \pm \bar{\beta} \tag{1.2.9}$$

$$\overline{\alpha \beta} = \bar{\beta}\bar{\alpha} \tag{1.2.10}$$

$$\overline{\frac{\beta}{\alpha}} = \frac{\bar{\beta}}{\bar{\alpha}} \tag{1.2.11}$$

また，α のノルムは

$$\alpha\bar{\alpha} = |\alpha|^2 = a^2 + b^2 + c^2 + d^2 \tag{1.2.12}$$

の $|\alpha|$ で定義される．普通の数では $|\alpha|$ を絶対値とよぶ．ノルムが定義されたということは距離空間の公理

$$|\alpha| \geq 0, \quad |\alpha| = 0 \Leftrightarrow \alpha = 0$$

$$|\alpha + \beta| \leq |\alpha| + |\beta|$$

$$|\alpha\beta| = |\alpha| \cdot |\beta|$$

をこの $|\alpha|$ が満たしている [1]．

　特に，$\alpha \neq 0$ に対して，

$$\alpha\bar{\alpha} = |\alpha|^2 \tag{1.2.13}$$

であるから，この両辺を $|\alpha|^2$ で割れば，

$$\alpha \frac{\bar{\alpha}}{|\alpha|^2} = 1 \tag{1.2.14}$$

となる．いま

$$\alpha^{-1} = \frac{\bar{\alpha}}{|\alpha|^2} \tag{1.2.15}$$

と表せば, (1.2.14) は
$$\alpha\alpha^{-1} = 1 \qquad (1.2.16)$$
となる. すなわち, $\alpha \neq 0$ のとき, α の逆元 α^{-1} が存在して (1.2.15) で定義できる.

したがって, α の全体 K は非可換な体となる. この K を四元数体といい, その要素 (element) を四元数 (quaternion) という.

体とは普通の複素数のように四則演算ができて, 加法と乗法に対して交換則, 結合則, 分配則が成り立つものであるが, 四元数の場合にはこのうちの乗法の交換則 $\alpha\beta = \beta\alpha$ が成り立たない.

以上で四元数の説明を終わり, つぎの節ではこの四元数を用いて, 4次の Cauchy-Lagrange の恒等式の導出をしよう.

1.3 四元数を用いた恒等式の証明

まずはじめに証明すべき 4 次の恒等式を書いておこう. それは
$$\begin{aligned}
&(a^2 + b^2 + c^2 + d^2)(x^2 + y^2 + z^2 + w^2) \\
&= (ax + by + cz + dw)^2 + (bx - ay + dz - cw)^2 \\
&\quad + (cx - dy - az + bw)^2 + (dx + cy - bz - aw)^2
\end{aligned} \qquad (1.3.1)$$
である. 証明したい (1.1.3) の式の形はこの式とは少し見かけは異なるが, それとは同値であることを後で示す.

任意の 2 つの四元数を
$$\alpha = a + bi + cj + dk \qquad (1.3.2)$$
$$\beta = x + yi + zj + wk \qquad (1.3.3)$$

第1章　四元数に近づく

と表せば，積 $\alpha\beta$ は

$$\alpha\beta = (ax - by - cz - dw) + (bx + ay - dz + cw)i \\ + (cx + dy + az - bw)j + (dx - cy + bz + aw)k \quad (1.3.4)$$

となる．ここで，α, β をそれぞれ共役な $\bar{\alpha}, \bar{\beta}$ に置き換えて，積 $\bar{\alpha}\bar{\beta}$ をつくれば，積 $\alpha\beta$ の式 (1.3.4) で

$$b \to -b$$
$$c \to -c$$
$$d \to -d$$
$$y \to -y$$
$$z \to -z$$
$$w \to -w$$

とそれぞれの符号を変えてやればよい．そうすれば b, c, d と y, z, w の双 1 次の項は符号が変わらないが，a と y, z, w との双 1 次の項と b, c, d と x との双 1 次の項は符号が変わる．したがって，

$$\bar{\alpha}\bar{\beta} = (ax - by - cz - dw) + (-bx - ay - dz + cw)i \\ + (-cx + dy - az - bw)j + (-dx - cy + bz - aw)k \quad (1.3.5)$$

が得られる．

つぎに $\bar{\alpha}\bar{\beta}$ の積の順序を変えて，積 $\bar{\beta}\bar{\alpha}$ をつくれば，この積を得るには (1.3.5) で

$$a \leftrightarrow x$$
$$b \leftrightarrow y$$
$$c \leftrightarrow z$$
$$d \leftrightarrow w$$

1.3. 四元数を用いた恒等式の証明

と文字を置き換えてやればよいから、これを行うと

$$\bar{\beta}\bar{\alpha} = (ax - by - cz - dw) + (-bx - ay + dz - cw)i \\ + (-cx - dy - az + bw)j + (-dx + cy - bz - aw)k \quad (1.3.6)$$

が得られ, (1.3.6) の i, j, k の前の係数においてすべて負号 $-$ をくくりだせば,

$$\bar{\beta}\bar{\alpha} = (ax - by - cz - dw) + (bx + ay - dz + cw)(-i) \\ + (cx + dy + az - bw)(-j) + (dx - cy + bz + aw)(-k) \quad (1.3.7)$$

と書き直せるから、これは (1.3.4) から $\overline{\alpha\beta}$ に等しい. したがって

$$\overline{\alpha\beta} = \bar{\beta}\bar{\alpha} \quad (1.3.8)$$

であることがわかる.

ところで積 $\alpha\beta$ の絶対値の 2 乗 $|\alpha\beta|^2$ を考えると

$$\begin{aligned} |\alpha\beta|^2 &= \alpha\beta\overline{\alpha\beta} \\ &= \alpha\beta\bar{\beta}\bar{\alpha} \\ &= \alpha|\beta|^2\bar{\alpha} \\ &= |\alpha|^2|\beta|^2 \end{aligned} \quad (1.3.9)$$

となる. この等式で $\beta \to \bar{\beta}$ と置き換えれば,

$$|\alpha\bar{\beta}|^2 = |\alpha|^2|\bar{\beta}|^2 \quad (1.3.10)$$

となる. しかし, $|\bar{\beta}| = |\beta|$ であるから,

$$|\alpha\bar{\beta}|^2 = |\alpha|^2|\beta|^2 \quad (1.3.11)$$

が成り立つ.

第 1 章　四元数に近づく

積 $\alpha\bar{\beta}$ は (1.3.4) の積 $\alpha\beta$ で

$$y \to -y$$
$$z \to -z$$
$$w \to -w$$

と置き換えれば得られる．すなわち，

$$\begin{aligned}\alpha\bar{\beta} &= (ax + by + cz + dw) + (bx - ay + dz - cw)i \\ &+ (cx - dy - az + bw)j + (dx + cy - bz - aw)k\end{aligned} \quad (1.3.12)$$

これを (1.3.11) へ代入すれば，Cauchy-Lagrange の恒等式

$$(a^2+b^2+c^2+d^2)(x^2+y^2+z^2+w^2) = X^2+Y^2+Z^2+W^2 \quad (1.3.13)$$

が得られる．ただし，ここで

$$X = ax + by + cz + dw$$
$$Y = bx - ay + dz - cw$$
$$Z = cx - dy - az + bw$$
$$W = dx + cy - bz - aw$$

である．(1.3.13) はすなわち (1.3.1) であるが，(1.1.3) とは見掛けが一致していない．したがって，

$$\begin{aligned}Y^2 + Z^2 + W^2 &= (bx - ay)^2 + (cx - az)^2 + (dx - aw)^2 \\ &+ (cy - bz)^2 + (dy - bw)^2 + (dz - cw)^2\end{aligned}$$
$$(1.3.14)$$

であることを示す必要がある．そのために Y^2, Z^2, W^2 を計算す

れば,

$$Y^2 = (bx-ay)^2 + (dz-cw)^2 + 2(bx-ay)(dz-cw) \quad (1.3.15)$$
$$Z^2 = (dy-bw)^2 + (cx-az)^2 - 2(dy-bw)(cx-az) \quad (1.3.16)$$
$$W^2 = (dx-aw)^2 + (cy-bz)^2 + 2(dx-aw)(cy-bz) \quad (1.3.17)$$

であるから

$$\begin{aligned} Y^2 + Z^2 + W^2 &= (bx-ay)^2 + (dz-cw)^2 + (dy-bw)^2 \\ &\quad + (cx-az)^2 + (dx-aw)^2 + (cy-bz)^2 \end{aligned}$$
$$(1.3.18)$$

となる. すなわち, クロス項の和は

$$2[(bx-ay)(dz-cw) - (dy-bw)(cx-az) + (dx-aw)(cy-bz)] = 0$$

となることは計算を丹念に行えば, 示すことが出来る.

したがって,

$$\begin{aligned} &(a^2+b^2+c^2+d^2)(x^2+y^2+z^2+w^2) \\ &= (ax+by+cz+dw)^2 + (bx-ay)^2 + (cx-az)^2 \\ &\quad + (dx-aw)^2 + (cy-bz)^2 \\ &\quad + (dy-bw)^2 + (dz-cw)^2 \end{aligned}$$

が得られる. これは (1.1.3) である.

1.4 おわりに

この章では四元数への近づき方の一つのありかたとして, 以前に書いた [5] を少し書き変えて, 4次の Cauchy-Lagrange の恒

第 1 章　四元数に近づく

等式を四元数を用いて証明した．この等式の証明には必ずしも四元数が必要な訳ではない．その証明法はいくつもあり，それらはまったく四元数とは関係ないものが多い．

これらはすでに [3],[4],[6],[7],[8] に発表された．

1.5　参考文献1

[1] 遠山啓 編，『現代数学教育事典』（明治図書, 1965）90-91
[2] ソーヤー，『数学へのプレリュード』（みすず書房, 1978）71
[3] 矢野　忠, Lagrange の恒等式, 研究と実践（愛数協）50 号 (1994.6) 9-12,『数学散歩』（国土社，2005）70-74 に収録
[4] 矢野　忠, Cauchy-Lagrange の恒等式再論 1, 研究と実践（愛数協）92 号 (2006.10) 14-17
[5] 矢野　忠, Cauchy-Lagrange の恒等式再論 2, 研究と実践（愛数協）93 号 (2007.3) 9-13
[6] 矢野　忠, Cauchy-Lagrange の恒等式再論 3, 研究と実践（愛数協）94 号 (2007.6) 8-12
[7] 矢野　忠, Cauchy-Lagrange の恒等式再論 4, 研究と実践（愛数協）105 号 (2010.7) 12-17
[8] 矢野　忠, Cauchy-Lagrange の恒等式再論 5, 研究と実践（愛数協）110 号 (2012.1) 30-33

第2章 四元数の発見

2.1 はじめに

第1章で Cauchy-Lagrange の恒等式から四元数へと導かれたいきさつを述べた.

この章では, Hamilton が四つの元 $1, i, j, k$ の間の代数系, すなわち**四元数**へと導かれた推論 [1]——の道筋をたどってみよう.

少しでも Hamilton の創造の秘密が伝わればと願っている.

2.2 数のもつべき性質

Hamilton の推論に入る前にちょっと寄り道のようだが, Crowe[2] にしたがって Hamilton が 1843 年に "三元数" がもつべきだと考えていた性質の概略を述べておこう [1].

1. 加法と乗法に対して結合則が成り立つ. すなわち, α, β, γ を "三元数" として

$$\alpha + (\beta + \gamma) = (\alpha + \beta) + \gamma, \quad \alpha(\beta\gamma) = (\alpha\beta)\gamma$$

2. 加法と乗法に対して交換則が成り立つ. すなわち,

$$\alpha + \beta = \beta + \alpha, \quad \alpha\beta = \beta\alpha$$

---
[1]以下ではしばらくギリシャ文字で "三元数" を, ラテン文字で実数を表す.

第 2 章　四元数の発見

3. 分配則が成り立つ．すなわち，

$$\alpha(\beta + \gamma) = \alpha\beta + \alpha\gamma$$

4. 除法がはっきり決まる．すなわち，α $(\neq 0)$ と β とが与えられたときに $\alpha\chi = \beta$ となるような χ が一つ，かつ唯一つ決まる．しかも，もちろんこの χ は α, β と同じ種類の数であり，数学的な表現をすれば除法に関しても閉じている．

5. 新しい数は絶対値の法則にしたがう．すなわち，

$$(a + bi + cj)(x + yi + zj) = A + Bi + Cj$$

であれば，

$$(a^2 + b^2 + c^2)(x^2 + y^2 + z^2) = A^2 + B^2 + C^2 \quad (2.2.1)$$

が成り立つ[2]．

6. "三元数" は 3 次元空間と関係づけられる．これは複素数が平面と関係づけられたのと同様に "三元数" は 3 次元空間と関係づけられると予想した．

以上のような性質をもつ数としての "三元数" が可能かどうかを Hamilton は探そうとした．

2.3　第 3 の元の導入

複素数は 2 つの元 1 と i から成り立っている．元 i は -1 の平方根 $\sqrt{-1}$ を表している．すなわち，$i \equiv \sqrt{-1}$ である．この i は

---

[2]絶対値の法則とは (2.2.1) の両辺の正の平方根をとったものが成立することである．そのときには必ず (2.2.1) が成立するので，これを以下では絶対値の条件とよぶ．

14

2.3. 第3の元の導入

図 2.1 のように線分 $\overline{01}$ （これを以後単に元 1 とよぶ）を原点 O を中心にして $\pi/2 = 90°$ だけ回転すれば得られる．すなわち，この i は実軸上の元 1 に垂直である[3]．さらに i を $\pi/2 = 90°$ だけ回転すれば -1 が得られる．

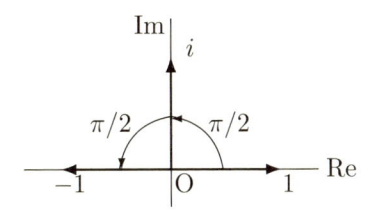

図 2.1: i と $i^2 = -1$ の図形表示

Hamilton はこの i 以外に 1 および i に対して垂直な第 3 の元があることに気がついた．これを j と表す．この j は図 2.2 のように表される．$i^2 = -1$ であるように図 2.2 から $j^2 = -1$ であることがわかる．したがって，$j = \sqrt{-1}$ である．また，$j \neq i$ であることもわかる．

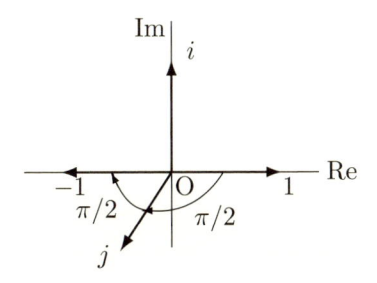

図 2.2: j と $j^2 = -1$ の図形表示

---

[3]元 1 は始点 0 で終点 1 のベクトルと考えることもできる．同様に元 i は始点 0 で終点 i のベクトルと考えることもできる．以下同様である．

このように i とは異なる j という第3の元があることが予想されたから, Hamilton は3つの元 $1, i, j$ をもつ数を"三元数"とよんだ.

2.4　四元数の発見

結論を言ってしまうと"三元数"は存在しないことがわかったのだが, Hamilton の四元数の発見は"三元数"を探求した結果だから, Hamilton の"三元数"についての推論をたどってみよう.

3つの元 $1, i, j$ をもつ"三元数" $a+bi+cj$ と $x+yi+zj$ を考え, これらの積がどういう法則にしたがっているかを調べる. そのために"三元数" $a+bi+cj$ と $x+yi+zj$ の積をつくってみよう.

$$(a+bi+cj)(x+yi+zj) = (ax-by-cz) + i(ay+bx) \\ + j(az+cx) + ij(bz+cy)$$

となる[4]. しかし, ここで積 ij はどうしたらいいのだろうか. 一般に

$$ij = X + Yi + Zj$$

で表されるのだろうか[5].

ところで $(ij)^2 = 1$ となるように思われる. なぜなら,

$$(ij)^2 = i^2 j^2 = (-1)(-1) = 1$$

---

[4]この積では $ij = ji$ を仮定している. 以下 i と j の積の順序が問題となるところまで同じ仮定をしている.

[5]ij が三元 $1, i, j$ で張られると考えれば, このように表される. 3次元空間のベクトル $\mathbf{A}$ がすべて一次独立な基底ベクトル $\mathbf{e}_x, \mathbf{e}_y, \mathbf{e}_z$ の一次結合で $\mathbf{A} = A_x \mathbf{e}_x + A_y \mathbf{e}_y + A_z \mathbf{e}_z$ と表されるのと同じ考えである.

2.4. 四元数の発見

であるから．もしそうであるなら $ij = 1$ または $ij = -1$ となるであろう．

さて Hamilton は数が合理的な数であるための一つの指導原理 (guiding principle)（前に触れた**絶対値の法則**）[2] を考える．

いま，実数 a, b を考え，この積を c としよう．すなわち $ab = c$ である．この数の絶対値をとれば

$$|c| = |a||b| \tag{2.4.1}$$

が得られる．これは実数 a, b, c が負数であっても正数であっても確かに成立する．さらに a, b, c が複素数であってもこの関係は成立する．

複素数の場合に (2.4.1) が成り立つことを確かめておこう．いま

$$a = \alpha + i\beta$$
$$b = \gamma + i\delta$$
$$c = \epsilon + i\mu$$

としよう．ここでギリシャ文字は実数を表す．この場合

$$ab = (\alpha + i\beta)(\gamma + i\delta)$$
$$= (\alpha\gamma - \beta\delta) + i(\alpha\delta + \beta\gamma)$$

が

$$c = \epsilon + i\mu$$

に等しいから

$$\epsilon = \alpha\gamma - \beta\delta$$
$$\mu = \alpha\delta + \beta\gamma$$

が成り立つ．

第2章　四元数の発見

それでは $|c|=|a||b|$ は本当に成り立っているであろうか．

$$|c|^2 = \epsilon^2 + \mu^2 = (\alpha\gamma - \beta\delta)^2 + (\alpha\delta + \beta\gamma)^2$$

であり，一方

$$|a|^2|b|^2 = (\alpha^2 + \beta^2)(\gamma^2 + \delta^2)$$

である．そこで $(\alpha\gamma - \beta\delta)^2 + (\alpha\delta + \beta\gamma)^2$ を計算すれば，

$$(\alpha\gamma - \beta\delta)^2 + (\alpha\delta + \beta\gamma)^2 = (\alpha^2 + \beta^2)(\gamma^2 + \delta^2)$$

が成り立つから，この式の正の平方根をとれば

$$|c| = |a||b| \tag{2.4.1}$$

すなわち，**絶対値の法則** (law of moduli) が成り立っている[6]．

いま，この式の正の平方根をとる前の式

$$|c|^2 = |a|^2|b|^2 \tag{2.4.2}$$

が成立することを一般的な数が合理的に成立する条件（**絶対値の条件**とよぶ）としよう[7]．

これから2つの"三元数" $a+bi+cj$ と $x+yi+zj$ の積が絶対値の条件を満たしているかどうかを調べよう[8]．一挙にこの一般の場合を調べるのではなく，順を追って一般化して行こう．

一番簡単な場合として，"三元数" $a+bi+cj$ の2乗を考えよう．これは

$$(a+bi+cj)^2 = (a^2 - b^2 - c^2) + 2abi + 2acj + 2bcij$$

---

[6]この法則は合理的な数の体系では必ず成り立っている．
[7]これは"三元数"に対しては (2.2.1), 具体的には後出の (2.4.4) である．実は (2.4.4) は成立しない．
[8]以下では (2.4.4) が成立するかどうかを特別な場合から少しずつ一般化して考えている．

2.4. 四元数の発見

となるであろう．ここで，絶対値の条件を考えると

$$(a^2 - b^2 - c^2)^2 + (2ab)^2 + (2ac)^2 = (a^2 + b^2 + c^2)^2 \quad (2.4.3)$$

が成り立つが，これは積 ij の係数 $2bc$ を無視したときに成り立つ式である．そこで，積 ij をどう取り扱ったらいいのか．

上で見たように積 ij のかかった項が余分というか邪魔である．それではひょっとして $ij = 0$ が成立しているのではなかろうか．しかし，この予想は奇妙で居心地がわるいと Hamilton は感じた．

そこで，Hamilton はこんなことを思いついた．$ij = 0$ と考えなくても $ji = -ij$ が成立すれば余分な項は 0 となるのではないか．確かに最後の項 $2bcij$ は $ji = -ij$ であることを考慮すれば，$bcij + bcji = (bc - bc)ij = 0$ と変更され，ij の項は現れない．これが (2.4.3) が成り立った理由であろう．

それで $ij = k, ji = -k$ と仮定して k の係数が 0 となるかどうかを調べてみよう．

そのために"三元数"そのものの 2 乗ではなく，少しだけ一般化したつぎの場合を考えよう．2 つの"三元数" $a + bi + cj$ と $x + bi + cj$ の積を考えれば

$$\begin{aligned}&(a + bi + cj)(x + bi + cj) \\&= (ax - b^2 - c^2) + b(a+x)i + c(a+x)j + (bc - bc)k \\&= (ax - b^2 - c^2) + b(a+x)i + c(a+x)j\end{aligned}$$

となって，k の係数は $bc - bc = 0$ となる．ここで

$$(ax - b^2 - c^2)^2 + [b(a+x)]^2 + [c(a+x)]^2 = (a^2 + b^2 + c^2)(x^2 + b^2 + c^2)$$

は確かに成立する．したがって，絶対値の条件 (2.4.2) は成り立っている．

19

第 2 章 四元数の発見

この結果から $ji = -ij$ であれば都合がいいことは確かめられたが, k の値についてはまだわからない.

さらに一般的な 2 つの " 三元数 " $a+bi+cj$ と $x+yi+zj$ の積は

$$(a+bi+cj)(x+yi+zj)$$
$$= (ax-by-cz)+(ay+bx)i+(az+cx)j+(bz-cy)k$$

となる. ここで, $ji = -ij = -k$ となることを用いた.

ではこのとき k の係数 $bz-cy$ を除いて絶対値の条件 (2.4.2)

$$(ax-by-cz)^2+(ay+bx)^2+(az+cx)^2 = (a^2+b^2+c^2)(x^2+y^2+z^2) \tag{2.4.4}$$

は成立するのだろうか. 残念ながら答えは no である. すなわち, (2.4.4) の左辺は右辺と比べて $(bz-cy)^2$ だけ小さい. そしてこの $bz-cy$ は k の係数である.

すなわち,

$$(ax-by-cz)^2+(ay+bx)^2+(az+cx)^2+(bz-cy)^2$$
$$= (a^2+b^2+c^2)(x^2+y^2+z^2) \tag{2.4.5}$$

が成り立っている.

このことから Hamilton はどうしても第 4 番目の元 k があることを認めなければならなかった. すなわち, 一般の " 三元数 " の積を考えれば " 三元数 " の中にはなかった第 4 番目の元 k が必然的に出て来るのだから, " 三元数 " の積は " 三元数 " としては表せない (数学的にいえば閉じていない). したがって, " 三元数 " を " 三元数 " の範囲で合理的に定義することはできない[9].

---

[9] この論理はちょっと難しいかもしれない. たとえを挙げると, 整数だけを考えてその割り算をすると有理数 (分数) となり, その商はもう整数とは限らない.

この第 4 番目の元 k はもちろん i でも j でもない別の元である．それで 4 つの元をもった数 $a+bi+cj+dk$ が導入されなければならない．これを**四元数** (quaternion) という．

一般の四元数 $a+bi+cj+dk$ および $x+yi+zj+wk$ の積が絶対値の条件 (2.4.2) を満たすことの証明は 2.6 節に譲るが，いま出てきた特殊な場合（四元数が退化した場合）に絶対値の条件を満たすことを示しておこう．

積の各因子 $a+bi+cj$ と $x+yi+zj$ には四番目の元 k は現れないが，それは見かけであって実際はどちらも四元数である．すなわち，この場合は四元数 $a+bi+cj+dk$ および $x+yi+zj+wk$ で $d=0$，$w=0$ という特殊な（退化した）場合である．この結果として 2 数の積には $ij=k$ の元を含む項が現れる．したがって絶対値の条件 (2.4.2)

$$(ax-by-cz)^2 + (ay+bx)^2 + (az+cx)^2 + (bz-cy)^2$$
$$= (a^2+b^2+c^2+0^2)(x^2+y^2+z^2+0^2)$$

が成り立つ．これは (2.4.5) であった．

このことから Hamilton は " 三元数 " は存在しないことを認識し，四元数を発見したのであった．

2.5　四元数の代数系

前節の最後で四元数 $a+bi+cj+dk$ を導入したが，2 つの四元数の積を考えれば 3 つの元 i,j,k の間の積

$$ij, \quad ji, \quad jk, \quad kj, \quad ki, \quad ik$$

したがって，整数だけの世界では加法，乗法は整数の範囲で閉じているが，整数の除法は整数には閉じていない．すなわち整数同士の割り算の答えはもはや整数とは限らない．

第2章 四元数の発見

が現れる．そのうちの2つ ij と ji とはすでに

$$ij = k, \quad ji = -k$$

とおいた．しかし，まだ jk, kj, ki, ik の4つの積が残っている．それらについて順々に考えていこう．

まず $k = ij$ であることから $ik = iij = i^2 j = -j$ となる．同様に $kj = ijj = ij^2 = -i$ であることがわかる．このことから Hamilton は

$$ki = j, \quad jk = i$$

であろうと推察した．なぜなら，$ji = -ij = -k$ であるから，

$$ki = -jii = -ji^2 = j, \quad jk = -jji = -j^2 i = i$$

が成り立つからである．

最後に残るのは k^2 の値であるが，

$$k^2 = (ij)^2 = ijij = -ijji = -ij^2 i = i^2 = -1$$

であるから，$k^2 = -1$ となる．これですべての四元数の元の積がわかった．

まとめるとそれらは

$$i^2 = j^2 = k^2 = -1 \tag{2.5.1}$$

$$ij = -ji = k \tag{2.5.2}$$

$$jk = -kj = i \tag{2.5.3}$$

$$ki = -ik = j \tag{2.5.4}$$

である．いうまでもないが，1と他の3つの元 i, j, k とはすべて

交換可能であって

$$1 \cdot i = i \cdot 1 = i \quad (2.5.5)$$
$$1 \cdot j = j \cdot 1 = j \quad (2.5.6)$$
$$1 \cdot k = k \cdot 1 = k \quad (2.5.7)$$

である．これを乗積表にまとめれば表 2.1 となる．ただし，ここで

表 2.1: 乗積表

	1	i	j	k
1	1	i	j	k
i	i	-1	k	$-j$
j	j	$-k$	-1	i
k	k	j	$-i$	-1

は表 2.1 の左側の元 $1, i, j, k$ が積の左側の因子となるようにとっている．すなわち，表 2.1 の左側の元に上に書かれた元をかけたものがその交差した箇所に書かれている．たとえば左側の 2 番目の i に上の 3 番目の j をかけたもの $ij = k$ というふうに読む．

2.6　絶対値の条件

　以上で四元数を定義し，その元のしたがう積の法則（四元数の代数系）を求めた．

　さて，Hamilton が新しい数を求めるための指導原理 (guiding principle) とした絶対値の条件 (2.4.2) は四元数に対して成り立っているだろうか．もし，それが成立しないなら，せっかく四元数を

第 2 章　四元数の発見

導入したのに四元数は合理的には存在できない．このことを確かめよう．

2 つの四元数を $a+bi+cj+dk$ と $x+yi+zk+wk$ とし，これらの積を $A+Bi+Cj+Dk$ としよう．2 つの四元数の積をとれば，

$$(a+bi+cj+dk)(x+yi+zj+wk)$$
$$= (ax-by-cz-dw)+(ay+bx+cw-dz)i$$
$$+ (az+cx+dy-bw)j+(aw+dx+bz-cy)k \quad (2.6.1)$$

であるから

$$A = ax-by-cz-dw \quad (2.6.2)$$
$$B = bx+ay-dz+cw \quad (2.6.3)$$
$$C = cx+dy+az-bw \quad (2.6.4)$$
$$D = dx-cy+bz+aw \quad (2.6.5)$$

とおく．

このとき絶対値の条件 (2.4.2)

$$A^2+B^2+C^2+D^2 = (a^2+b^2+c^2+d^2)(x^2+y^2+x^2+w^2) \quad (2.6.6)$$

が成り立つだろうか．

上の (2.6.2)-(2.6.5) に与えられた A, B, C, D のそれぞれの 2 乗を計算すれば，

$$A^2 = a^2x^2+b^2y^2+c^2z^2+d^2w^2+P$$
$$B^2 = b^2x^2+a^2y^2+d^2z^2+c^2w^2+Q$$
$$C^2 = c^2x^2+d^2y^2+a^2z^2+b^2w^2+R$$
$$D^2 = d^2x^2+c^2y^2+b^2z^2+a^2w^2+S$$

となる．ここで P, Q, R, S は

$$P = -2abxy - 2acxz - 2adxw + 2bcyz + 2bdyw + 2cdzw$$
$$Q = +2abxy - 2bdxz + 2bcxw - 2adyz + 2acyw - 2cdzw$$
$$R = +2cdxy + 2acxz - 2bcxw + 2adyz - 2bdyw - 2abzw$$
$$S = -2cdxy + 2bdxz + 2adxw - 2bcyz - 2acyw + 2abzw$$

である．この計算の各行の右辺の各項を縦に加えれば，$xy, xz, xw,$ yz, yw, zw 等のいわゆる交差項 (cross terms) の係数は打ち消しあって 0 となる．また x^2, y^2, z^2, w^2 の係数はすべて $a^2+b^2+c^2+d^2$ となることがわかるので (2.6.6) が成り立ち，絶対値の条件 (2.4.2) は確かに満たされる．

2.7　四元数の除法

四元数 $a+bi+cj+dk$ に四元数 $x+yi+zj+wk$ をかけると四元数 $A+Bi+Cj+Dk$ になるとき四元数 $x+yi+zj+wk$ を一義的に求められれば除法ができることになる．それには (2.6.2)-(2.6.5) が x, y, z, w について解ければよい．$a=0,\ b=0,\ c=0,\ d=0$ でなければ，(2.6.2)-(2.6.5) は逆に解くことができて

$$x = \frac{1}{\Delta}(aA + bB + cC + dD)$$
$$y = \frac{1}{\Delta}(-bA + aB + dC - cD)$$
$$z = \frac{1}{\Delta}(-cA - dB + aC + bD)$$
$$w = \frac{1}{\Delta}(-dA + cB - bC + aD)$$
$$\Delta = a^2 + b^2 + c^2 + d^2$$

となる．したがって，除法はまったく問題がない[10]．

2.8 四元数の数としての性質

2.2 節で数のもつべき 6 つの性質について述べたが，それらが四元数ではどうなったか見ておこう．

1. 加法と乗法について結合法則は成立している．

2. 加法については交換則は成り立つが，乗法については交換則は成立しない．

3. 分配則は成り立つ．

4. 除法は 0 による割り算を除いてはっきりと定義できる．

5. 絶対値の条件は成り立つ．

6. "三元数" は存在しなかったので，"三元数" を 3 次元空間と関係づけることはできなかった．しかし，四元数の虚数部分 $bi + cj + dk$ は 3 次元空間と関係づけることができる．すなわち，四元数の虚数部分は 3 次元ベクトルとも考えることができる．

いま 2 つの純虚数 $ai + bj + ck$ と $xi + yj + zk$ との積を考えれば

$$(ai + bj + ck)(xi + yj + zk)$$
$$= -(ax + by + cz) + (bz - cy)i + (cx - az)j + (ay - bx)k$$
(2.8.1)

---
[10] (2.6.2)-(2.6.5) の解法はいろいろ考えられる．連立方程式を中学生のように加減法で解いてもよいし，大学生風に Cramer の公式を用いてもよい．また (2.6.1) の両辺に左から四元数 $a + bi + cj + dk$ の逆数をかけてもよい．

となるが，この式の実部はベクトルのスカラー積に負号をつけたものであり，虚部はベクトルのベクトル積と同じである．

2.9　おわりに

　著者が四元数に関心をもった動機は第1章に述べた4次のCauchy-Lagrangeの恒等式の証明にあった．そして，やっとHamiltonが「どのようにして四元数を考えついたか」について述べることができた．

　ベクトルの出現によって四元数はその役目をベクトルに譲り，長い間半ば忘れられてきたが，最近になって物体の回転等の記述が四元数で簡単にできることからリバイバルしている．

　四元数と物体の回転との関連については第4章から第6章で述べるので，ぜひそれらの章を読んで頂きたい．

2.10　参考文献2

[1] W. R. Hamilton, Phil. Mag. 3rd series 25 (1844) 489-495
[2] M. J. Crowe, *A History of Vector Analysis* (Dover, 1994), 28

第3章　Hamiltonのノートの解読

3.1　はじめに

　すでに第2章でHamiltonが四つの元 $1, i, j, k$ の間の代数系を導いた推論の道筋をたどった．それは四元数へと導かれたHamiltonの推論 [1] の（一部の）解読であった．

　しかし，Hamilton は何回も彼の四元数の発見について書いている．その中で最初の記述と思われるものにHamilton の 1843年 10月16日の研究ノート [2] があり[1]，[3] にその日本語の訳がある[2]．

　このノートの中間部分の記述は [1] と同じだが，初めの部分と終わりの部分は少し違っている．その異なる部分を中心に解読した結果を整理して以下に示す．

3.2　Hamiltonのノート

　第3の元 j の発見の記述は [1] と同じで，すでに第2章で述べた通りである．こうして第3の元が導入されると複素数における

---
[1] 森田克貞氏にこの論文のコピーを送って頂いたことに感謝する．
[2] 四元数を解説した書籍は日本ではまだ多くない．堀の本 [4] は詳細で，多くの内容をカバーしており，貴重である．

3.2. Hamilton のノート

純虚数単位 i に加えて新しい元 j が得られたことになる.

複素平面上の一点 (x,y) は複素数としては $x+iy$ と表されるが,それと同様に 3 次元空間中の一点 (x,y,z) は $x+iy+zj$ と表されるであろう.これを仮に"三元数"と呼ぶことにしよう.

まず $x+iy+jz$ の 2 乗を考えてみよう.

$$(x+iy+jz)^2 = x+(iy)^2+(jz)^2+2ixy+2jxz+ijyz+jiyz$$

となる.ここで,$ij=ji$ とすれば,

$$(x+iy+jz)^2 = x-y^2-z^2+2ixy+2jxz+2ijyz \quad (3.2.1)$$

となる.しかし,この右辺の最後の項 $2ijyz$ はちょっと都合が悪い.なぜなら,空間内の点は $(1,i,j)$ を元として表せると予想していたから.もちろん,(3.2.1) が導かれたのには $ij=ji$ という仮定があった.

ともかく $2ijyz$ があるとどうもしっくりこない.それは上に述べた空間的なイメージがつくり難いからである.

3 次元空間中の点 $(1,0,0)$ は実軸上の原点からの長さ 1 の線分で表すことができる.また,3 次元空間中の点 (x,y,z) は原点から空間内の点 (x,y,z) へと向う長さ $\sqrt{x^2+y^2+z^2}$ の線分で表すことができる.

3 元数 $(x+iy+zj)^2$ を考えるために,複素数の場合を思い出して

$$x+iy = r(\cos\theta + i\sin\theta)$$

という極座標表示を考えよう.極座標表示で表した r と θ とは図 3.1 に表したようになる.すなわち,r は原点から点 (x,y) への距離 $r=\sqrt{x^2+y^2}$ であり,θ は複素数 $(1,0)=1+0i$ と $(x,y)=x+iy$ との間のなす角である.

第3章 Hamilton のノートの解読

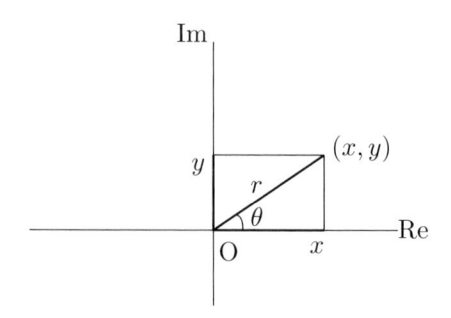

図 3.1: 複素数の極座標表示

さて，$x+iy$ の2乗 $(x+iy)^2$ を考えると

$$(x+iy)^2 = r^2(\cos 2\theta + i\sin 2\theta)$$

が得られる．したがって，$(x+iy)^2$ と1との間のなす角は1と $x+iy$ の間のなす角の2倍になっている．

話をもとへ戻すと $(x+iy+jz)^2$ から出てくる項 $2ijyz$ はどうも落ちてしまうようである．この項があってはどうも幾何学的な解釈ができそうにない．それでこの ij のかかった項は何らかの理由で落ちてほしい．そのことを以下では考えてみよう．

いま

$$(x+iy+jz)^2 = X+iY+jZ, \ X = x^2-y^2-z^2, \ Y = 2xy, \ Z = 2xz$$

と表せるためには $ij=0$ であればよいが，これはどうも奇妙で落着きがわるいと Hamilton は考えた．

そこで i と j との積の順序に注意して $(x+iy+jz)^2$ を計算すれば

$$(x+iy+jz)^2 = x^2 - y^2 - z^2 + 2ixy + 2jxz + (ij+ji)yz$$

3.2. Hamilton のノート

であるから，いま
$$ij + ji = 0 \tag{3.2.2}$$
と要請すれば，
$$(x + iy + jz)^2 = x^2 - y^2 - z^2 + 2ixy + 2jxz \tag{3.2.3}$$
となり，これなら幾何学的な解釈も問題がなさそうである．

複素数の場合から類推して三元数 1 と $x + iy + jz$ との間のなす角を ϕ とすれば，1 と $(x + iy + jz)^2$ とのなす角 ψ は，すなわち，$(1, 0, 0)$ と $(x^2 - y^2 - z^2, 2xy, 2xz)$ との間のなす角であり，$\psi = 2\phi$ となるだろう[3]．つぎに $(x + iy + jz)$ の 2 乗の $(x + iy + jz)^2$ よりほんの少しだけ一般化した，積 $(a + iy + jz)(x + iy + jz)$ を考えよう．それは

$$\begin{aligned}
& (a + iy + jz)(x + iy + jz) \\
&= ax - y^2 - z^2 + i(a + x)y + j(a + x)z + (ij + ji)yz \\
&= ax - y^2 - z^2 + i(a + x)y + j(a + x)z
\end{aligned} \tag{3.2.4}$$

となる．

複素数の場合に
$$a + ib = r(\cos\theta + i\sin\theta),$$
$$x + iy = R(\cos\phi + i\sin\phi)$$
と極形式で表せば，この二つの複素数の積は
$$(a + ib)(x + iy) = rR[\cos(\theta + \phi) + i\sin(\theta + \phi)] \tag{3.2.5}$$

---

[3]この推論をここでは証明しない．しかし，この推論は確かに成立している．証明のしかたは以下の $(a + iy + jz)(x + iy + jz)$ の偏角の証明と同じである．またはその証明で $a = x$ とおいたと考えれば証明できる．

31

である．したがって，$(a+ib)(x+iy)$ の絶対値は

$$|(a+ib)(x+iy)| = rR$$

である．

これから類推して $a+iy+jz$ の絶対値を $|a+iy+jz| = \tau$ と表し，$x+iy+jz$ の絶対値を $|x+iy+jz| = \rho$ と表せば，$(a+iy+jz)(x+iy+jz)$ の絶対値 κ は

$$\kappa = |(a+iy+jz)(x+iy+jz)| = \tau\rho \tag{3.2.6}$$

と表せるであろう．そうすれば

$$|(ax-y^2-z^2)+i(a+x)y+j(a+x)z| = \tau\rho$$

が成り立つであろうか．
$\tau = \sqrt{a^2+y^2+z^2}$, $\rho = \sqrt{x^2+y^2+z^2}$ であるから，$\kappa^2 = \tau^2\rho^2$,

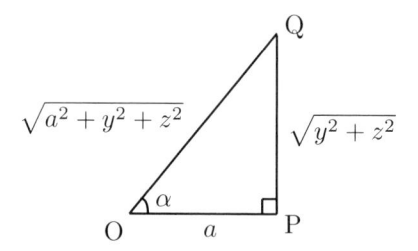

図 3.2: 三元数 $a+iy+jz$ のつくる直角三角形．頂点 O, P, Q の位置は O$(0,0,0)$, P$(a,0,0)$, Q(a,y,z) である．

すなわち，

$$(ax-y^2-z^2)^2+(a+x)^2(y^2+z^2) = (a^2+y^2+z^2)(x^2+y^2+z^2) \tag{3.2.7}$$

3.2. Hamilton のノート

が成り立つかどうかを調べればよい．ところがこの式は確かに成り立っている．したがって，

$$S = \sqrt{(a^2 + y^2 + z^2)(x^2 + y^2 + z^2)}$$
$$T = ax - y^2 - z^2$$
$$U = (a + x)\sqrt{y^2 + z^2}$$

で定義された S, T, U は直角三角形の 3 辺であり，S が斜辺の長さになっていることは明らかであろう．

前に

$$(a + ib)(x + iy) = rR[\cos(\theta + \phi) + i\sin(\theta + \phi)] \tag{3.2.5}$$

と 2 つの複素数 $a + ib$ と $x + iy$ の積が極形式で表されることを見たが，このことは $(a + ib)(x + iy)$ の偏角 (argument) が $a + ib$ の偏角と $x + iy$ の偏角の和に等しいことを示している．

同様に 2 つの"三元数" $a + iy + jz$ と $x + iy + jz$ との積 $(a + iy + jz)(x + iy + jz)$ の偏角は $a + iy + jz$ の偏角と $x + iy + jz$ の偏角の和になっているであろうか．そのことを確かめなくてはならない．

すなわち，いま $a + iy + jz$ の偏角を α とし，$x + iy + zj$ の偏角を β とし，$(a + iy + jz)(x + iy + jz)$ の偏角を γ とすれば，

$$\gamma = \alpha + \beta \tag{3.2.8}$$

が成り立つかどうか．

ここで，$a + iy + jz$ の偏角 α は

$$\tan \alpha = \frac{\sqrt{y^2 + z^2}}{a} \tag{3.2.9}$$

を満たす（図 3.2 参照）[4]．また，$x+iy+zj$ の偏角 β は

$$\tan\beta = \frac{\sqrt{y^2+z^2}}{x} \tag{3.2.10}$$

を満たしている（図 3.3 参照）．

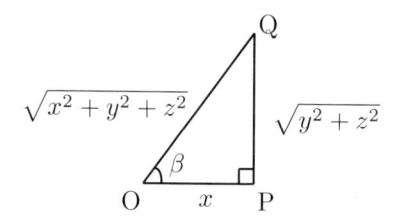

図 3.3: 三元数 $x+iy+jz$ のつくる直角三角形．頂点 O, P, Q の位置は $O(0,0,0), P(x,0,0), Q(x,y,z)$ である．

さらに，$(a+iy+jz)(x+iy+jz) = ax-y^2-z^2+i(a+x)y+j(a+x)z$ の偏角 γ は

$$\tan\gamma = \frac{(a+x)\sqrt{y^2+z^2}}{ax-y^2-z^2} \tag{3.2.11}$$

を満たしている（図 3.4 参照）．これらの式から $\alpha+\beta=\gamma$ は

$$\arctan\frac{\sqrt{y^2+z^2}}{a} + \arctan\frac{\sqrt{y^2+z^2}}{x} = \arctan\frac{(a+x)\sqrt{y^2+z^2}}{ax-y^2-z^2} \tag{3.2.12}$$

と表される．はたしてこの式 (3.2.12) が成り立つのだろうか．その

---

[4]図 3.2 の直角三角形は 3 次元空間内のある平面上にある．3 次元の図はわかり難いので，その平面上の三角形だけを取り出している．三角形の頂点 O, P, Q の座標を図の説明に示した．以下，図 3.3, 3.4 でも同様である．

3.2. Hamilton のノート

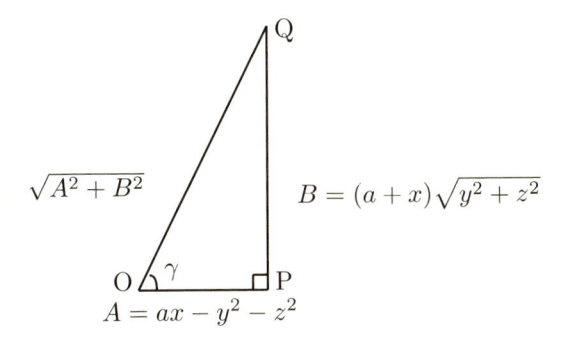

[図: 直角三角形 O, P, Q。OP = $A = ax - y^2 - z^2$、PQ = $B = (a+x)\sqrt{y^2+z^2}$、OQ = $\sqrt{A^2+B^2}$、角 O = γ]

図 3.4: 三元数 $(ax-y^2-z^2)+i(a+x)y+j(a+x)z$ のつくる直角三角形．O, P, Q の位置は O$(0,0,0)$, P$(ax-y^2-z^2, 0, 0)$, Q$(ax-y^2-z^2, (a+x)y, (a+x)z)$ である．

ことを考えてみよう．(3.2.7) が成り立つことを用いて，図 3.2-3.4 から

$$\cos\gamma = \cos(\alpha+\beta) \qquad (3.2.13)$$

$$\sin\gamma = \sin(\alpha+\beta) \qquad (3.2.14)$$

であることを示せばよい．

まず，$\cos(\alpha+\beta) = \cos\gamma$ であることを示そう．

$$\cos(\alpha+\beta)$$
$$= \cos\alpha\cos\beta - \sin\alpha\sin\beta$$

であるから，図 3.2-3.4 から $\cos\alpha, \cos\beta, \sin\alpha, \sin\beta$ を求めて上の

35

第 3 章　Hamilton のノートの解読

式に代入すれば,

$$\cos(\alpha+\beta)$$
$$=\frac{a}{\sqrt{a^2+y^2+z^2}}\frac{x}{\sqrt{x^2+y^2+z^2}}-\frac{\sqrt{y^2+z^2}}{\sqrt{a^2+y^2+z^2}}\frac{\sqrt{y^2+z^2}}{\sqrt{x^2+y^2+z^2}}$$
$$=\frac{ax-y^2-z^2}{\sqrt{a^2+y^2+z^2}\sqrt{x^2+y^2+z^2}}$$
$$=\cos\gamma$$

であることがわかる．ここで (3.2.7) を用いている．
　つぎに, $\sin(\alpha+\beta)=\sin\gamma$ であることを示そう．これはやはり図 3.2-3.4 から

$$\sin(\alpha+\beta)$$
$$=\sin\alpha\cos\beta+\cos\alpha\sin\beta$$
$$=\frac{\sqrt{y^2+z^2}}{\sqrt{a^2+y^2+z^2}}\frac{x}{\sqrt{x^2+y^2+z^2}}+\frac{a}{\sqrt{a^2+y^2+z^2}}\frac{\sqrt{y^2+z^2}}{\sqrt{x^2+y^2+z^2}}$$
$$=\frac{(a+x)\sqrt{y^2+z^2}}{\sqrt{a^2+y^2+z^2}\sqrt{x^2+y^2+z^2}}$$
$$=\sin\gamma$$

であることもわかる．ここでも (3.2.7) を用いている．
　これらの結果から, (3.2.13),(3.2.14) が確かに成り立つことがわかる．したがって

$$\tan(\alpha+\beta)=\tan\gamma$$

であることが示された．これからすぐに

$$\gamma=\alpha+\beta+n\pi,\quad n=\text{integer}$$

3.2. Hamilton のノート

が導かれる． $0 \leq \alpha < 2\pi, 0 \leq \beta < 2\pi, 0 \leq \gamma < 2\pi$ とすれば，n の値として $n = 0$ しか許されないから，

$$\gamma = \alpha + \beta \tag{3.2.8}$$

が得られる．ここまでは幾何学的な解釈が難しいことはない．

さらに，一般的な2つの三元数 $a + ib + jc$ と $x + iy + jz$ との積を考えるが，この議論はすでに第2章で述べたことと同一である．しかし，ここでの記述が自己完結 (selfcontained) となるように第2章の繰り返しになるが，簡単に述べておこう．

$$(a + ib + jc)(x + iy + jz) = (ax - by - cz) + i(bx + ay)$$
$$+ j(cx + az) + ij(bz - cy) \tag{3.2.15}$$

となる．ここで，$ji = -ij$ であることを用いた．

ここで，

$$(ax - by - cz)^2 + (bx + ay)^2 + (cx + az)^2 + (bz - cy)^2$$
$$= (a^2 + b^2 + c^2)(x^2 + y^2 + z^2) \tag{3.2.16}$$

が成り立つので，$ij = k$ を満たす新しい虚数単位 k をどうしても認めざるを得ないと Hamilton は考えるようになった．

なぜなら，式 (3.2.15) で ij の項の係数 $(bz - cy)$ を無視した
$$(ax - by - cz)^2 + (bx + ay)^2 + (cx + az)^2 = (a^2 + b^2 + c^2)(x^2 + y^2 + z^2)$$
は成立しないからである．

第2章で**絶対値の条件**という名をつけて呼んだ条件

$$|pq|^2 = |p|^2 |q|^2 \tag{3.2.17}$$

を満たすためには $ij = k$ を満たす新しい虚数単位 k が必要である．すなわち，2つの一般的な三元数の積は三元数では必ずしも

第3章 Hamilton のノートの解読

表せないことを Hamilton は悟り，四元数の存在を認めざるを得なかった．

しかし，Hamilton にはまだいくつかの可能性が考えられ，それらを一つひとつ考えていった．それが以下の議論である．

$ij = k$ として，k は新しい虚数単位であると考えれば，

$$k^2 = (ij)^2 = ijij = -i^2 j^2 = -(-1)(-1) = -1$$
$$ik = i^2 j = -j$$
$$ki = iji = -i^2 j = j$$

であることがすぐに考えられそうである．だが，Hamilton は 1843 年のノートでははじめ $k^2 = 1$ の可能性も考えたと述べている．

その記述を少し記号を変更して述べてみよう [5]．

もし，$k^2 = 1$ を仮定すれば，$i^2 = j^2 = -1$ と組み合わせて

$$(a + ib + jc + kd)(x + iy + jz + kw)$$
$$= (\underline{ax} - by - cz\underline{+dw}) + i(bx + ay + \cdots)$$
$$+ j(cx + az + \cdots) + k(\underline{dx + aw} + \cdots)$$

となる．ここで，

$$A = \underline{ax} - by - cz\underline{+dw}$$
$$B = bx + ay + \ldots$$
$$C = cx + az + \ldots$$
$$D = \underline{dx + aw} + \cdots$$

とおけば，$A^2 + B^2 + C^2 + D^2$ の中の A^2 から

$$(ax + dw)^2 = a^2 x^2 + d^2 w^2 \underline{+2adxw}$$

---
[5] 記号の変更だけであるから，本質的には議論を変更していないが，ギリシア文字を用いないと式が見やすい．

の下線部の項が得られ，D^2 から

$$(dx+aw)^2 = d^2x^2 + a^2w^2 \underline{+2adxw}$$

D の下線部が得られる．したがって，$2adxw$ の項が 2 つあるので，$A^2+B^2+C^2+D^2$ には $4adxw$ が現れる．

ところが，$k^2 = -1$ とすれば，

$$(a+ib+jc+kd)(x+iy+jz+kw)$$
$$= (\underline{ax}-by-cz\underline{-dw}) + i(bx+ay+\cdots)$$
$$+ j(cx+az+\cdots) + k(\underline{dx+aw}+\cdots)$$

となる．したがって

$$A = \underline{ax} - by - cz \underline{-dw}$$
$$B = bx + ay + \ldots$$
$$C = cx + az + \ldots$$
$$D = \underline{dx+aw} + \cdots$$

とおけば，$A^2+B^2+C^2+D^2$ の中の A^2 から

$$(ax-dw)^2 = a^2x^2 + d^2w^2 \underline{-2adxw}$$

の下線部の項が得られ，D^2 から

$$(dx+aw)^2 = d^2x^2 + a^2w^2 \underline{+2adxw}$$

の下線部が得られる．この場合には

$$-2adxw + 2adxw = 0$$

と $A^2+B^2+C^2+D^2$ においては $2adxw$ の項は相殺される．

第3章　Hamilton のノートの解読

　こうして
$$i^2 = j^2 = k^2 = -1$$
を仮定し，また
$$ij = k, \quad ji = -k$$
と仮定するようになったと Hamilton は述べている．

　この $2adxw$ の項が相殺することが論理的にどれほど重要なのか Hamilton のここまでの記述からはもう一つはっきりしない．しかし，$|pq| = |p||q|$ という**絶対値の法則**を満たすためには $k^2 = -1$ であることはどうしても必要である．Hamilton はこの絶対値の法則を式では表していないが，文で「**乗積の絶対値は絶対値の乗積に等しい**」と書いている．だから三元数の積を考えるときに，絶対値の法則を重要な指導原理として考えていたことは間違いがない．

　さらに
$$k = ij = -ji$$
から
$$jk = jij = -ij^2 = i$$
$$kj = ijj = ij^2 = -i$$
も容易に得られる．

　以上から3つの虚数単位 i, j, k の積の仮定（または定義）をまとめると
$$i^2 = j^2 = k^2 = -1$$
$$ij = k, \quad jk = i, \quad ki = j$$
$$ji = -k, \quad kj = -i, \quad ik = -j$$
となる．

40

3.2. Hamilton のノート

これらから

$$(a + ib + jc + kd)(x + iy + jz + kw) = A + iB + jC + kD$$
$$A = ax - by - cz - dw$$
$$B = bx + ay - dz + cw$$
$$C = cx + dy + az - bw$$
$$D = dx - cy + bz + aw$$

(3.2.18)

が得られ，さらに

$$A^2 + B^2 + C^2 + D^2 = (a^2 + b^2 + c^2 + d^2)(x^2 + y^2 + z^2 + w^2) \quad (3.2.19)$$

が成り立つことはすでに前に第 2 章で示した．

しかし，ここでは Hamilton[3] にしたがって (3.2.19) の証明を見てみよう．(3.2.16) が成り立つことはすでにわかっているので，(3.2.16) に現れない，d と w を因子として含むクロス項（項自身の 2 乗でない項）だけを (3.2.19) の $A^2 + B^2 + C^2 + D^2$ の中から取り出し，それらの項の和が 0 となることをまず示す．

A^2, B^2, C^2, D^2 から d と w とを因子として含むクロス項を取り出してその和をとると

$$
\begin{array}{llll}
 & -2adxw & +2bdyw & +2cdzw \\
 & -2bdxz + 2bcxw & -2adyz + 2acyw & -2cdzw \\
+2cdxy & -2bcxw & +2adyz - 2bdyw & -2abzw \\
-2cdxy & +2bdxz + 2adxw & & -2acyw + 2abzw \\
= 0
\end{array}
$$

であることは xy, xz, xw, yz, yw, zw の項を縦に加えれば，すぐにわかる．

第 3 章 Hamilton のノートの解読

つぎに，(3.2.19) の左辺から得られる，d^2 と w^2 とを因子に含む項の和は

$$d^2w^2 + d^2z^2 + d^2y^2 + d^2x^2 + c^2w^2 + b^2w^2 + a^2w^2$$
$$= d^2(x^2 + y^2 + z^2 + w^2) + (a^2 + b^2 + c^2)w^2$$

となり，これは (3.2.19) の右辺から得られる，d^2 と w^2 とを因子に含む項の和に等しい．

したがって，(3.2.16) とあわせて考えると (3.2.19) が確かに成り立つことがわかる．

ここまで来て，ようやく

$$|pq|^2 = |p|^2|q|^2 \tag{3.2.20}$$

を 2 つの四元数の積が満たしていることを Hamilton ははっきりと述べている．

3.3 Euler の公式の四元数版

この節では複素数で成り立っている，Euler の公式の四元数版を考えてみよう．その前に Euler の公式を思い出しておくと

$$\mathrm{e}^{ix} = \cos x + i \sin x \tag{3.3.1}$$

であった．それを四元数に拡張したものが成り立つかどうか．

そのためにいくつかの準備をする．まず $a + ib + jc + kd = (a, b, c, d), x + iy + jz + kw = (x, y, z, w)$ と表すことにする．そこで (3.2.18) で $x = s, y = t, z = u, w = v$ とおきかえれば，(3.2.18) は

$$(a, b, c, d)(s, t, u, v) = (A, B, C, D) \tag{3.3.2}$$

3.3. Euler の公式の四元数版

と表すことができる．ここで

$$A = as - bt - cu - dv,$$
$$B = bs + at - du + cv,$$
$$C = cs + dt + au - bv,$$
$$D = ds - ct + bu + av$$

である．この式を使えば

$$(a,b,c,d)^2 = (a^2 - b^2 - c^2 - d^2, 2ab, 2ac, 2ad) \qquad (3.3.3)$$

がすぐに得られる．

さらにこの式 (3.3.3) で $a = 0, b = x, c = y, d = z$ ととれば $(0, x, y, z)$ のべき乗がつぎのように得られる．

$$(0, x, y, z)$$
$$(0, x, y, z)^2 = -(x^2 + y^2 + z^2)$$
$$(0, x, y, z)^3 = -(x^2 + y^2 + z^2)(0, x, y, z)$$
$$(0, x, y, z)^4 = (x^2 + y^2 + z^2)^2$$
$$(0, x, y, z)^5 = (x^2 + y^2 + z^2)^2(0, x, y, z)$$
$$(0, x, y, z)^6 = -(x^2 + y^2 + z^2)^3$$
$$(0, x, y, z)^7 = -(x^2 + y^2 + z^2)^3(0, x, y, z)$$
$$(0, x, y, z)^8 = (x^2 + y^2 + z^2)^4$$
$$\cdots$$

ここで,

$$(1, 0, 0, 0) = 1$$
$$(1, 0, 0, 0)(0, x, y, z) = (0, x, y, z)$$
$$(0, x, y, z)^2 = -(x^2 + y^2 + z^2)$$

第3章 Hamilton のノートの解読

であることを繰り返し用いた.

さて，本題へと進むことにしよう．得られる結果を前もって与えておこう．それは

$$e^{(0,x,y,z)} = \cos\sqrt{x^2+y^2+z^2} + \frac{ix+jy+kz}{\sqrt{x^2+y^2+z^2}} \sin\sqrt{x^2+y^2+z^2} \tag{3.3.4}$$

である．さて (3.3.4) を求めていこう．e^x の Maclaurin 展開を形式的に用いれば，

$$e^{(0,x,y,z)}$$
$$= 1 + \frac{ix+jy+kz}{1!} + \frac{(ix+jy+kz)^2}{2!} + \frac{(ix+jy+kz)^3}{3!}$$
$$+ \frac{(ix+jy+kz)^4}{4!} + \cdots$$
$$= 1 + \frac{1}{1!}(0,x,y,z) - \frac{1}{2!}(x^2+y^2+z^2)(1,0,0,0)$$
$$- \frac{1}{3!}(x^2+y^2+z^2)(0,x,y,z) + \frac{1}{4!}(x^2+y^2+z^2)^2(1,0,0,0)$$
$$+ \frac{1}{5!}(x^2+y^2+z^2)^2(0,x,y,z) - \frac{1}{6!}(x^2+y^2+z^2)^3(1,0,0,0)$$
$$+ \cdots$$

式を長々と展開するのは面倒なので，ここで $r = \sqrt{x^2+y^2+z^2}$ とおけば，上の式は少し簡単に表せて

$$e^{(0,x,y,z)}$$
$$= \left[1 - \frac{1}{2!}r^2 + \frac{1}{4!}r^4 - \frac{1}{6!}r^6 + \frac{1}{8!}r^8 - \cdots\right]$$
$$+ \left[\frac{1}{1!} - \frac{1}{3!}r^2 + \frac{1}{5!}r^4 - \frac{1}{7!}r^6 + \frac{1}{9!}r^8 - \cdots\right](0,x,y,z)$$

3.3. Eulerの公式の四元数版

したがって

$$e^{(0,x,y,z)}$$
$$= \left[1 - \frac{1}{2!}r^2 + \frac{1}{4!}r^4 - \frac{1}{6!}r^6 + \frac{1}{8!}r^8 - \cdots\right]$$
$$+ \frac{(0,x,y,z)}{r}\left[\frac{1}{1!}r - \frac{1}{3!}r^3 + \frac{1}{5!}r^5 - \frac{1}{7!}r^7 + \frac{1}{9!}r^9 - \cdots\right]$$
$$= \cos r + \frac{ix+jy+kz}{r}\sin r$$

となる．これで (3.3.4) が導出された．

Hamilton のノートの訳 [3] では最後の式では $\cos\sqrt{x^2+y^2+z^2}$ がミスプリントで $\cos(x^2+y^2+z^2)$ となっている．これは訳書で生じたミスである．Hamilton の原著では正しい式が与えられている[6]．

ここで，$|e^{(0,x,y,z)}| = 1$ であることを確かめておく．

$$|e^{(0,x,y,z)}|^2$$
$$= \left[\cos r + \frac{1}{r}(ix+jy+kz)\sin r\right]\overline{\left[\cos r + \frac{1}{r}(ix+jy+kz)\sin r\right]}$$
$$= \cos^2 r + \sin^2 r$$
$$= 1, \quad ここで \quad r^2 = x^2+y^2+z^2 \tag{3.3.5}$$

したがって，$|e^{(0,x,y,z)}| = 1$ が成り立つ．これは (3.3.1) で $|e^{ix}| = 1$ が成立することに対応している．

---

[6]このことをご教示下さった森田克貞氏に感謝する．

第3章 Hamiltonのノートの解読

いま (3.3.4) において

$$r = \sqrt{x^2 + y^2 + z^2}$$
$$x = r\cos\phi$$
$$y = r\sin\phi\cos\psi$$
$$z = r\sin\phi\sin\psi$$

おけば（図 3.5 参照），

$$e^{r(i\cos\phi + j\sin\phi\cos\psi + k\sin\phi\sin\psi)}$$
$$= \cos r + (i\cos\phi + j\sin\phi\cos\psi + k\sin\phi\sin\psi)\sin r \quad (3.3.6)$$

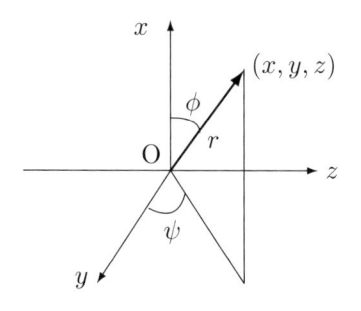

図 3.5: 3次元極座標系

これは Euler の公式の四元数版になっており，$\phi = 0$ のときには

$$x = r$$
$$y = 0$$
$$z = 0$$

46

であるから
$$e^{ir} = \cos r + i \sin r$$
となり，Euler の公式になる．

3.4　おわりに

　Hamilton の 1843 年 10 月 16 日の研究ノートは四元数の発見の当日の夜に書かれたものであり，論理的には十分洗練されていない．それで，解読が少し難しかったが，これでほぼ解読ができたのではなかろうか．

　ユークリッド平面上の点 (x, y) を複素数 $x + iy$ と対応づけられることから類推して，Hamliton は 3 次元ユークリッド空間中の点 (x, y, z) を"三元数"$x + iy + jz$ と対応づけられるのではないかと考えた．

　しかし，2 つの"三元数"の積を 3 次元ユークリッド空間中の点として考えていく中で，虚数単位 i と j との積が交換せず，$ji = -ij$ となることを見出し，さらに一般の 2 つの"三元数"の積を考えるうちに $ij = k$ を満たす新たな虚数単位 k を認めざるを得なかった．そして，そこに四元数の発見があった．

3.5　付録 3　3 次元極座標

　物理数学の文献 [5] では伝統的には x, y, z 軸は図 3.5 でとったようにではなく $x \to z, y \to x, z \to y$ とした座標軸をとるのが普通である．ここで，ϕ を極角 (polar angle)，ψ を方位角 (azimuthal angle) という[7]．

---

[7]Hamilton は ϕ を余緯度 (colatitude)，ψ を経度 (longitude) とよんでいる [1]．

しかし，n 次元の極座標では

$$x_1 = r\cos\theta_1,$$
$$x_2 = r\sin\theta_1\cos\theta_2,$$
$$x_3 = r\sin\theta_1\sin\theta_2\cos\theta_3,$$
$$\cdots$$
$$x_{n-1} = r\sin\theta_1\sin\theta_2\ldots\sin\theta_{n-2}\cos\theta_{n-1},$$
$$x_n = r\sin\theta_1\sin\theta_2\ldots\sin\theta_{n-2}\sin\theta_{n-1}.$$

ととるのが慣例である．

ここで $n = 3$ として，3 次元に限定すれば

$$x_1 = r\cos\theta_1,$$
$$x_2 = r\sin\theta_1\cos\theta_2,$$
$$x_3 = r\sin\theta_1\sin\theta_2$$

となる．ここで，$x_1 = x, x_2 = y, x_3 = z, \theta_1 = \phi, \theta_2 = \psi$ とすれば，Hamilton のとった座標系と一致する．

3.6　参考文献 3

[1] W. R. Hamilton, Phil. Mag. 3rd series 25 (1844) 489-495
[2] W. R. Hamiton, Proc. Roy. Soc. Irish Acad. vol. L (1945) 89-92
[3] 堀源一郎,『ハミルトンと四元数』(海鳴社，2007) 10-18
[4] 堀源一郎,『ハミルトンと四元数』(海鳴社，2007)
[5] たとえば，寺沢寛一,『自然科学者のための数学概論』増訂版 (岩波書店，1983) 58

第4章 四元数と空間回転1

4.1 はじめに

この書では四元数で空間回転を取り扱うことを最終目標としている．

現在ではベクトルなどの空間回転を取り扱う方法としては

1. ベクトルでの表現

2. マトリックスによる表現

3. 四元数による表現

の3つが少なくとも知られている．それぞれの表現は長所，短所があるが，この章の目的は四元数による空間回転の表現を考えることである．

4.2 目的の提示

この節ではすでに四元数のことを知っている方々にこの章の目的を示す．用語の説明等をまったくしていないので，四元数の知識のない方々はこの節を飛ばして4.3節以下を先に読んだ後でこの節に戻って下さい．

第4章 四元数と空間回転1

v を虚部のみをもつ四元数とし，また q を単位四元数とし，その共役四元数を $\bar{q}$ とする．このとき，四元数での v の空間回転は

$$u = qv\bar{q}, \quad q = \cos\frac{\theta}{2} + n\sin\frac{\theta}{2}, \quad n = in_1 + jn_2 + kn_3 \quad (4.2.1)$$

で表される．ここで，n_1, n_2, n_3 は回転軸の方向余弦であり，θ はそのまわりの回転角である．

このとき u はやはり虚部のみをもつ（すなわち実部のない）四元数である．v を空間のベクトルと同一視すれば，u は v を四元数 q と $\bar{q}$ とで変換したものであり，$|u| = |v|$ が成り立つ．

(4.2.1) は空間のベクトル **v** を原点のまわりに回転し，空間ベクトル **u** になったことと同じと考えられる．すなわち (4.2.1) は空間における回転を表すと考えられる．

ところが空間回転を表す直交行列 R でベクトル **v** を空間回転させれば，回転後のベクトル **u** は

$$\mathbf{u} = R\mathbf{v}, \quad R: 直交行列 \quad (4.2.2)$$

であり，この空間回転 (4.2.2) が四元数を用いた表現では単位四元数 q とその共役四元数 $\bar{q}$ でサンドイッチ風にはさんだ変換 (4.2.1) と同等であることはなかなか納得できない[1]．そのことを少しでも納得できるように示したい．これがこの章の目的である．

目的を実行するために，つぎの節で少し準備をする．

---

[1] (4.2.1) から (4.2.2) が導かれることを示すことはそれほど難しくはない．ここでは少し発見法的な方法で (4.2.1) の導出を示す．

4.3 四元数とその積

x, y を四元数として，4 つの元 $1, i, j, k$ で四元数を

$$x = x_0 + \hat{x}$$
$$y = y_0 + \hat{y}$$

と表す．ここで，$\hat{x} \equiv ix_1 + jx_2 + kx_3$ で定義される．$\hat{y}$ も同様である．

1 と i, j, k とは交換可能であるが，i, j, k は

$$i^2 = j^2 = k^2 = -1 \tag{4.3.1}$$

$$ij = -ji = k, \quad jk = -kj = i, \quad ki = -ik = j \tag{4.3.2}$$

いう代数系を満たしている．

4.2 節では用語の説明をしなかったので，ここでその説明をしておこう．

$$x = x_0 + \hat{x}$$

と表したときに

$$\hat{x} \equiv ix_1 + jx_2 + kx_3$$

で定義したが，この $\hat{x}$ を四元数の虚部（またはベクトル部分）という．これは四元数 x が 4 次元空間を表しているとして，四元数の虚部を 3 次元空間と同定できるからである．また x_0 を四元数 x の実部（またはスカラー部分）という．

四元数 x に対してその共役四元数を $\bar{x}$ で表し，

$$\bar{x} = x_0 - \hat{x}$$

で定義する．

また，四元数 x のノルムの 2 乗を
$$[N(x)]^2 = x\bar{x} = |x|^2 = x_0^2 + x_1^2 + x_2^2 + x_3^2$$
で定義する．ノルム $N(x)$ は
$$N(x) = |x| = \sqrt{x_0^2 + x_1^2 + x_2^2 + x_3^2}$$
となる[2]．
$$x\bar{x} = |x|^2$$
であるから，この式の両辺をノルムの 2 乗 $|x|^2 \neq 0$ で割れば，
$$x\frac{\bar{x}}{|x|^2} = 1$$
となり，
$$x^{-1} = \frac{\bar{x}}{|x|^2}$$
であることがわかる．x^{-1} はもちろん四元数 x の逆四元数である．

さらに，ノルムが 1 であるような四元数を単位四元数という．すなわち，x が単位四元数ならば $|x| = 1$ である．その逆四元数もまた単位四元数であり，x の共役で与えられる．したがって
$$x^{-1} = \bar{x}$$
が成り立つ．

さて四元数 x と y の積 xy もまた四元数である．すなわち，
$$\begin{aligned}xy &= x_0 y_0 - (x_1 y_1 + x_2 y_2 + x_3 y_3) + i(x_0 y_1 + x_1 y_0 + x_2 y_3 - x_3 y_2) \\ &\quad + j(x_0 y_2 - x_1 y_3 + x_2 y_0 + x_3 y_1) + k(x_0 y_3 + x_1 y_2 - x_2 y_1 + x_3 y_0) \\ &= x_0 y_0 - (\hat{x}, \hat{y}) + x_0 \hat{y} + y_0 \hat{x} + [\hat{x}, \hat{y}]\end{aligned} \quad (4.3.3)$$

---
[2] ノルムの定義はここでのノルムの 2 乗をノルムと定義する文献もある．

4.3. 四元数とその積

ここで

$$(\hat{x}, \hat{y}) = x_1 y_1 + x_2 y_2 + x_3 y_3 \tag{4.3.4}$$

$$[\hat{x}, \hat{y}] = i(x_2 y_3 - x_3 y_2) + j(x_3 y_1 - x_1 y_3) + k(x_1 y_2 - x_2 y_1) \tag{4.3.5}$$

で定義される．この $(\hat{x}, \hat{y})$ はベクトル $\mathbf{x}, \mathbf{y}$ のスカラー積のことであり，$[\hat{x}, \hat{y}]$ はベクトル $\mathbf{x}, \mathbf{y}$ のベクトル積のことである [1].

(4.3.3) を

$$xy = (x_0 y_0 - (\hat{x}, \hat{y}),\ x_0 \hat{y} + y_0 \hat{x} + [\hat{x}, \hat{y}])$$

と表すこともある．$x_0 y_0 - (\hat{x}, \hat{y})$ を四元数 xy の実部（またはスカラー部分）といい，$x_0 \hat{y} + y_0 \hat{x} + [\hat{x}, \hat{y}]$ を xy の虚部（またはベクトル部分）という．

ここで，$\hat{x}$ を $\mathbf{x}$，$\hat{y}$ を $\mathbf{y}$ と表さないのは普通のベクトルと四元数とを区別をしたいためであるが，$\hat{x}, \hat{y}$ の代わりに $\mathbf{x}, \mathbf{y}$ で表す考え方もある．付録 4.1 にはベクトル記法を用いた説明をする．

ここで，ちょっと注意しておきたいことがある．特殊な四元数の積には Hamilton が四元数を発見したときと似た事情が生じる．すなわち

もし四元数が虚部しかもたない（以下では「実部のない四元数」という）ときに，実部のない 2 つの四元数の積は実部のある一般の四元数であり，実部のない，特殊な四元数ではない．

いま例を取り上げて述べよう．実部のない 2 つの四元数 v, w

$$v = i x_1 + j x_2 + k x_3$$
$$w = i y_1 + j y_2 + k y_3$$

53

第 4 章　四元数と空間回転 1

とを考えて，その積 vw をつくれば

$$vw$$
$$= (ix_1 + jx_2 + kx_3)(iy_1 + jy_2 + ky_3)$$
$$= -(x_1y_1 + x_2y_2 + x_3y_3) + i(x_2y_3 - x_3y_2) + j(x_3y_1 - x_1y_3)$$
$$\quad + k(x_1y_2 - x_2y_1)$$
$$= -(\hat{x}, \hat{y}) + [\hat{x}, \hat{y}] \tag{4.3.6}$$

であった．ここで，$-(\hat{x}, \hat{y})$ は四元数 vw の実部であり，$[\hat{x}, \hat{y}]$ は虚部である．この式は (4.3.3) で $x_0 = y_0 = 0$ とおいても得られる．

すなわち，実部のない 2 つの四元数でも，それらの積は実部をもつことがわかる[3]．

この事実は Hamilton が元 k をもたない，2 つの四元数（すなわち，退化型の四元数）の積をつくったときにその積の四元数は元 k を含んでいたことと類似している．

以下に簡単にこのことを復習しておく．

2 つの四元数 x, y

$$x = x_0 + ix_1 + jx_2 + kx_3$$
$$y = y_0 + iy_1 + jy_2 + ky_3$$

において，$x_3 = y_3 = 0$ とおいた四元数

$$p = x_0 + ix_1 + jx_2$$
$$q = y_0 + iy_1 + jy_2$$

---

[3] 実部のない二つの四元数 v, w の積 vw の式から $\overline{vw} = \bar{w}\bar{v}$ を証明することができる．さらに一般の四元数 x, y の積 xy の共役は $\overline{xy} = \bar{y}\bar{x}$ であることが証明できる．証明は付録 4.3 に示す．

の積 pq をとったときに

$$\begin{aligned} pq &= (x_0 + ix_1 + jx_2)(y_0 + iy_1 + jy_2) \\ &= x_0y_0 - (x_1y_1 + x_2y_2) + i(x_0y_1 + y_0x_1) \\ &\quad + j(x_0y_2 + y_0x_2) + k(x_1y_2 - x_2y_1) \end{aligned}$$

となり，元 k を含まない 2 つの四元数でもその積には元 k を含む項が必ず現れる．

このことが Hamilton を四元数の発見へと導いたのであった [2]．

4.4 四元数による空間回転

この節の目的は 4.2 節で述べた，四元数による空間回転を表現する式 (4.2.1) を，Kuipers の考え [3] にしたがって導くことである．

まず v は実部のない四元数としよう．それを前に示したように

$$v = \hat{x} = ix_1 + jx_2 + kx_3$$

とする．また q を単位四元数

$$q = q_0 + \hat{q} = q_0 + iq_1 + jq_2 + kq_3$$

とする．単位四元数とはノルム $N(q) = |q| = 1$ の四元数であるから

$$q_0^2 + q_1^2 + q_2^2 + q_3^2 = 1$$

を満たす．

いま qv の積をつくれば，(4.3.3) によって

$$\begin{aligned} qv &= (q_0 + iq_1 + jq_2 + kq_3)(ix_1 + jx_2 + kx_3) \\ &= -(\hat{q}, \hat{x}) + q_0\hat{x} + [\hat{q}, \hat{x}] \end{aligned}$$

第4章 四元数と空間回転1

となる．これからわかるようにこの qv の積に実部 $-(\hat{q},\hat{x})$ が含まれている．したがって，

$$V = qv, \quad V : \text{実部のない四元数}$$

のように表すことはできない．

このことがわかったので，さらにもう一つの単位四元数 r との積を用いて，実部のない四元数をつくることを考えてみよう．このとき，

$$rqv, \quad qrv$$

を考えると，これらの四元数の積において 2 つの単位四元数の積 rq, qr は一つの単位四元数となるから，$(qr)v$ または $(rq)v$ は qv と同じで，これらの $(qr)v$ や $(rq)v$ から実部のない四元数をつくることはできない．

したがって，四元数の積 qv に生ずる実部をなくすために，qv の後ろからもう一つ別の単位四元数 $r = r_0 + \hat{r}$ をかけた積 qvr を考えてみよう．

そのために $qv = Q = Q_0 + \hat{Q}$ とおけば，$Q_0 = -(\hat{q},\hat{x})$，$\hat{Q} = q_0\hat{x} + [\hat{q},\hat{x}]$ であるから，(4.3.3) を用いれば

$$\begin{aligned}
qvr &= Qr \\
&= Q_0 r_0 - (\hat{Q},\hat{r}) + Q_0 \hat{r} + r_0 \hat{Q} + [\hat{Q},\hat{r}] \\
&= -r_0(\hat{q},\hat{x}) - (q_0\hat{x} + [\hat{q},\hat{x}], \hat{r}) \\
&\quad - (\hat{q},\hat{x})\hat{r} + r_0(q_0\hat{x} + [\hat{q},\hat{x}]) + [q_0\hat{x} + [\hat{q},\hat{x}], \hat{r}]
\end{aligned}$$

となる．

さて，この qvr の実部がどのような場合に 0 になるかを考えよう．まずこの実部は

$$qvr \text{ の実部} = -r_0(\hat{q},\hat{x}) - q_0(\hat{x},\hat{r}) - ([\hat{q},\hat{x}], \hat{r})$$

4.4. 四元数による空間回転

である．いま，$r_0 = q_0$ とすれば

$$qvr \text{ の実部} = -q_0(\hat{q} + \hat{r}, \hat{x}) - ([\hat{q}, \hat{x}], \hat{r}) \tag{4.4.1}$$

さらに $\hat{q} + \hat{r} = 0$ とすれば，上の式 (4.4.1) の第 1 項は 0 となり，第 2 項も

$$\begin{aligned} qvr \text{ の実部第 2 項} &= -([\hat{q}, \hat{x}], -\hat{q}) \\ &= ([\hat{q}, \hat{x}], \hat{q}) \\ &= 0 \end{aligned}$$

となる．

ここで上の式の $([\hat{q}, \hat{x}], \hat{q}) = 0$ を示しておこう．まず

$$[\hat{q}, \hat{x}] = i(q_2 x_3 - q_3 x_2) + j(q_3 x_1 - q_1 x_3) + k(q_1 x_2 - q_2 x_1)$$

であり，また $\hat{q} = iq_1 + jq_2 + kq_3$ であるから

$$([\hat{q}, \hat{x}], \hat{q}) = q_1(q_2 x_3 - q_3 x_2) + q_2(q_3 x_1 - q_1 x_3) + q_3(q_1 x_2 - q_2 x_1) = 0$$

こうして，$r_0 = q_0$, $\hat{r} = -\hat{q}$ の場合には

$$\begin{aligned} r &= r_0 + \hat{r} \\ &= q_0 - \hat{q} \\ &= \bar{q} \end{aligned}$$

である．

したがって，$u = qv\bar{q}$ は実部をもたないことがわかる．

すなわち，実部のない四元数 v を空間の 3 次元ベクトル **v** と同定すれば，一般の単位四元数 q で (4.2.1) を用いて変換しても，やはり u は実部のない四元数であるから，3 次元ベクトル **u** であると同定される．これは直交変換 R で空間ベクトル **v** を (4.2.2)

57

第4章 四元数と空間回転1

によって変換しても，空間ベクトル **u** となっていることと同様である．

空間の回転では，回転軸の方向とその軸のまわりの回転角を示す必要がある．これは単位四元数 q では

$$q = \cos\frac{\theta}{2} + n\sin\frac{\theta}{2}, \quad n = in_1 + jn_2 + kn_3$$

と表される．ここで n_1, n_2, n_3 は回転軸の方向を示す方向余弦である．一見すれば，n_1, n_2, n_3 の3つのパラメータがあるように見えるが，

$$n_1^2 + n_2^2 + n_3^2 = 1$$

の条件があるので，フリーパラメータは2つである．それに加えて回転軸のまわりの回転角 θ とをあわせて，3つのパラメータで空間回転を定めている．

($qv\bar{q}$ の実部) = 0 のこの証明はあまり見通しがよくない．ベクトル記法を用いれば，私たちの知っている，ベクトル代数の知識を使えるので，もっと見通しよく示すことができる．それについては付録4.1に述べる．

また，(4.2.1) が空間回転を実際に表していることは付録4.2に示す．

4.5 四元数の虚部と3次元空間

(4.2.1) の例を次節で述べる前に，この節では四元数の虚部と3次元空間との対応について述べる．2つの四元数 x と y との積 xy は (4.3.3) で表され，その中に出てきた $(\hat{x}, \hat{y})$ と $[\hat{x}, \hat{y}]$ はベクトル

4.5. 四元数の虚部と3次元空間

代数を知っていれば，(4.3.4), (4.3.5) から

$$(\hat{x}, \hat{y}) = \mathbf{x} \cdot \mathbf{y}, \quad \text{スカラー積}$$
$$[\hat{x}, \hat{y}] = \mathbf{x} \times \mathbf{y}, \quad \text{ベクトル積}$$

である．いま，3次元空間に直交座標系を導入して，その x 軸，y 軸，z 軸をそれぞれ四元数の虚部の i 軸，j 軸，k 軸と考えれば，3次元空間のベクトル $\mathbf{x} = x_1\mathbf{i} + x_2\mathbf{j} + x_3\mathbf{k}$ と四元数の虚部 $\hat{x} = ix_1 + jx_2 + kx_3$ とは同一視できる．これは平面上のベクトル $\mathbf{r} = x\mathbf{i} + y\mathbf{j}$ と複素数 $z = x + yi$ とを同一視できることと類似している．

3次元空間の直交した x 軸，y 軸，z 軸の正の方向を向いた単位ベクトルをそれぞれ $\mathbf{i}, \mathbf{j}, \mathbf{k}$ とすれば，ベクトル代数のスカラー積から

$$\mathbf{i} \cdot \mathbf{i} = \mathbf{j} \cdot \mathbf{j} = \mathbf{k} \cdot \mathbf{k} = 1$$
$$\mathbf{i} \cdot \mathbf{j} = \mathbf{j} \cdot \mathbf{k} = \mathbf{k} \cdot \mathbf{i} = 0$$

が得られ，またベクトル代数のベクトル積から

$$\mathbf{i} \times \mathbf{i} = \mathbf{j} \times \mathbf{j} = \mathbf{k} \times \mathbf{k} = 0$$
$$\mathbf{i} \times \mathbf{j} = -\mathbf{j} \times \mathbf{i} = \mathbf{k} \tag{4.5.1}$$
$$\mathbf{j} \times \mathbf{k} = -\mathbf{k} \times \mathbf{j} = \mathbf{i} \tag{4.5.2}$$
$$\mathbf{k} \times \mathbf{i} = -\mathbf{i} \times \mathbf{k} = \mathbf{j} \tag{4.5.3}$$

が得られる．

これらを四元数の3つの元 i, j, k のもつ代数系と比べてみれば，(4.5.1)-(4.5.3) が (4.3.2) と対応した性質をもっている．

もっとも他の関係はそのような対応関係をもっていないので，四元数の元 i, j, k の代数系と3次元空間の単位ベクトル $\mathbf{i}, \mathbf{j}, \mathbf{k}$ の

第4章 四元数と空間回転1

スカラー積とベクトル積の関係がすべて1対1に対応している訳ではない．しかし，全体としてみれば四元数の虚部と3次元空間とが対応しており，これを同一視することができる．

4.6 簡単な例

4.4節でベクトルの空間回転を四元数で表す公式 (4.2.1)

$$u = qv\bar{q}, \quad q = \cos\frac{\theta}{2} + n\sin\frac{\theta}{2}, \quad n = in_1 + jn_2 + kn_3 \quad (4.2.1)$$

を導いたが，ここで簡単な例を考えてみたい [4]．

いま z 軸上の単位ベクトル $\mathbf{k}$ を y 軸のまわりに $90°$ 回転させてみよう（図 4.1 参照）．図 4.1 を見れば，すぐにこの回転で $\mathbf{k}$ は $\mathbf{i}$ となることがわかる．

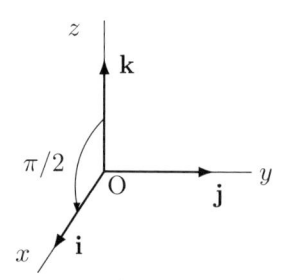

図 4.1: 単位ベクトル $\mathbf{k}$ の y 軸まわりの $90°$ の空間回転

4.5節で述べたように四元数の虚部と3次元空間を対応させれば，ベクトル $\mathbf{k}$ は四元数の元 k に，y 軸上の単位ベクトルは $\mathbf{j}$ は四元数の元 j に，また x 軸上の単位ベクトル $\mathbf{i}$ は四元数 i に対応している．

このように空間のベクトルを四元数に翻訳して，空間回転をあらためて四元数での空間回転 (4.2.1) で計算してみよう．このとき (4.2.1) の n は $n = j$ であり，$\frac{\theta}{2} = \frac{\pi}{4}$ であるから，q は

$$q = \cos\frac{\pi}{4} + j\sin\frac{\pi}{4} = \frac{1}{\sqrt{2}}(1+j)$$

となる．したがって

$$\begin{aligned}
qk\bar{q} &= (\cos\frac{\pi}{4} + j\sin\frac{\pi}{4})k(\cos\frac{\pi}{4} - j\sin\frac{\pi}{4}) \\
&= \frac{1}{\sqrt{2}}(1+j)k\frac{1}{\sqrt{2}}(1-j) \\
&= \frac{1}{2}(1+j)(k-kj) \\
&= \frac{1}{2}(k+i+i-k) \\
&= i
\end{aligned}$$

この空間回転は図 4.1 を見れば直観的にわかることだが，確かに四元数の回転 (4.2.1) で実現できることが示された．

4.7　おわりに

この章では四元数で空間回転を表す公式 (4.2.1) を天下りではなく，発見法的に導いた．これはもちろん私のオリジナルではなく，Kuipers にしたがった説明である．

空間回転の表現法は他にも

1. ベクトルでの表現

2. マトリックスによる表現

第4章 四元数と空間回転1

がある．

四元数による空間回転の公式 (4.2.1) においては回転軸のまわりの回転角 θ の 1/2 が現れており，回転角 θ が直接に現れていない．このことを疑問に思う人もいる．

もちろん四元数による表現をベクトルでの表現，またはマトリックスによる表現に書き直せば，空間回転の回転角は四元数の空間回転公式に現れた角の 2 倍になることがわかる．

しかし，その説明は上の空間回転の 2 つの別の表現とあわせて，つぎの章以下の課題としたい．

4.8　付録 4

4.8.1　付録 4.1　ベクトル記法による qvr の実部の計算

4.4 節で qvr の実部が $r = \bar{q}$ のときに 0 となることを示したが，あまり計算の見通しがよくない．この付録では見通しのよい Kuipers の方法 [3] で示しておく[4]．

Kuipers は
$$x = x_0 + \mathbf{x}, \quad y = y_0 + \mathbf{y}$$
と表す．すなわち，$\hat{x} = \mathbf{x}$, $\hat{y} = \mathbf{y}$ と普通のベクトル記号を使って表し，スカラー積 $(\hat{x}, \hat{y})$ は
$$(\hat{x}, \hat{y}) = \mathbf{x} \cdot \mathbf{y}$$

---

[4] 4.4 節で Kuipers の表記法を用いなかった理由は，たとえば下で与えた式，$x = x_0 + \mathbf{x}$ がベクトルとスカラーの和で定義されるような誤解を招くことを避けるためであった．その誤解は 4.4 節では避けられたと思うが，計算の見通しが非常に悪い．Kuipers は四元数の演算を直観的に分かりやすくするためにベクトル記法を用いている．

4.8. 付録 4

で，ベクトル積 $[\hat{x}, \hat{y}]$ は

$$[\hat{x}, \hat{y}] = \mathbf{x} \times \mathbf{y}$$

で表す．そうすれば (4.3.3) は

$$xy = x_0 y_0 - \mathbf{x} \cdot \mathbf{y} + x_0 \mathbf{y} + y_0 \mathbf{x} + \mathbf{x} \times \mathbf{y}$$

と表される．この表記法を用いれば，ベクトル代数になじんでいる方々にはとても見通しがよい．こういう理由から Kuipers は単位四元数 q を $q = q_0 + \mathbf{q}$ と表し，実部をもたない四元数 v を $v = 0 + \mathbf{v}$ と表す．そのとき

$$\begin{aligned} qv &= (q_0 + \mathbf{q})(0 + \mathbf{v}) \\ &= q_0 \cdot 0 - \mathbf{q} \cdot \mathbf{v} + 0 \cdot \mathbf{q} + q_0 \mathbf{v} + \mathbf{q} \times \mathbf{v} \\ &= -\mathbf{q} \cdot \mathbf{v} + q_0 \mathbf{v} + \mathbf{q} \times \mathbf{v} \end{aligned}$$

となる．断るまでもないが，$0 \cdot \mathbf{q}$ はベクトルのスカラー積ではなく，ベクトル $\mathbf{v}$ に単にスカラーの 0 をかけたものである．$\mathbf{q} \cdot \mathbf{v}$ と $\mathbf{q} \times \mathbf{v}$ とはベクトル $\mathbf{q}$ と $\mathbf{v}$ のそれぞれスカラー積とベクトル積である．

さて，このとき qvr は

$$qvr = (q_0 + \mathbf{q})(0 + \mathbf{v})(r_0 + \mathbf{r})$$

となるが，この積で実部が 0 となれば，qvr は虚部だけの四元数となるので，上の四元数の積の実部がどんな場合に 0 となるかを調べていこう．

qvr の実部は

$$-r_0(\mathbf{q} \cdot \mathbf{v}) - q_0(\mathbf{v} \cdot \mathbf{r}) - (\mathbf{q} \times \mathbf{v}) \cdot \mathbf{r}$$

となる．この実部が 0 となるようにしたいのであるから，いま $r_0 = q_0$ とすれば

$$qvr \text{ の実部} = -q_0(\mathbf{q}+\mathbf{r})\cdot\mathbf{v} - (\mathbf{q}\times\mathbf{v})\cdot\mathbf{r}$$

さらに，この式で $\mathbf{q}+\mathbf{r} = 0$ とすれば，

$$(\mathbf{q}+\mathbf{r})\cdot\mathbf{v} = 0$$

であり，また

$$\begin{aligned}-(\mathbf{q}\times\mathbf{v})\cdot\mathbf{r} &= (\mathbf{q}\times\mathbf{v})\cdot\mathbf{q} \\ &= (\mathbf{q}\times\mathbf{q})\cdot\mathbf{v} \\ &= 0\end{aligned}$$

であるから確かに

$$qvr \text{ の実部} = 0$$

となる[5]．

したがって，$r = r_0+\mathbf{r} = q_0-\mathbf{q} = \bar{q}$ であるから，$u = qvr = qv\bar{q}$ と表される．

4.8.2 付録 4.2 (4.2.1) が空間回転を表すこと

この付録 4.2 では

$$u = qv\bar{q}, \quad q = \cos\frac{\theta}{2} + n\sin\frac{\theta}{2}, \quad n = in_1 + jn_2 + kn_3 \quad (4.2.1)$$

が空間回転を表すことを示す [5]．すなわち，(4.2.1) が下の (4.8.2) を満たすことを示す．

---
[5]この最後の部分の計算はベクトル代数を知っている人には直観的に見通しがきく．これが Kuipers がベクトル記法を使った理由であろう．

4.8. 付録4

いま

$$u = ix'_1 + jx'_2 + kx'_3$$
$$v = ix_1 + jx_2 + kx_3$$
$$q = q_0 + iq_1 + jq_2 + kq_3, \quad q_0^2 + q_1^2 + q_2^2 + q_3^2 = 1$$

とする．q は単位四元数であるから，

$$q\bar{q} = \bar{q}q = 1$$

である．(4.2.1) から

$$\begin{aligned}|u|^2 &= u\bar{u} \\ &= (qv\bar{q})\overline{(qv\bar{q})} \\ &= qv\bar{q} \cdot q\bar{v}\bar{q} \\ &= qv\bar{v}\bar{q} \\ &= |v|^2 q\bar{q} \\ &= |v|^2 \end{aligned} \qquad (4.8.1)$$

すなわち

$$x'^2_1 + x'^2_2 + x'^2_3 = x_1^2 + x_2^2 + x_3^2 \qquad (4.8.2)$$

が成り立つ．したがって (4.2.1) は空間回転を表す．(4.8.1) で $\overline{xy} = \bar{y}\bar{x}$ であることを用いた．この証明は付録 4.3 に与えた．

別の方法で直接的に (4.8.2) を示すこともできる．すなわち，(4.2.1) から

$$x'_1 = B_1 x_1 + B_2 x_2 + B_3 x_3$$
$$x'_2 = C_1 x_1 + C_2 x_2 + C_3 x_3$$
$$x'_3 = D_1 x_1 + D_2 x_2 + D_3 x_3$$

を用いて，この式を $x_1'^2 + x_2'^2 + x_3'^2$ に代入して (4.8.2) を示してもよい．

係数 $B_1, B_2, \cdots, D_3$ は

$$B_1 = q_0^2 + q_1^2 - q_2^2 - q_3^2$$
$$B_2 = 2(q_1 q_2 - q_0 q_3)$$
$$B_3 = 2(q_1 q_3 + q_0 q_2)$$
$$C_1 = 2(q_1 q_2 + q_0 q_3)$$
$$C_2 = q_0^2 + q_2^2 - q_1^2 - q_3^2$$
$$C_3 = 2(q_2 q_3 - q_0 q_1)$$
$$D_1 = 2(q_1 q_3 - q_0 q_2)$$
$$D_2 = 2(q_2 q_3 + q_0 q_1)$$
$$D_3 = q_0^2 + q_3^2 - q_1^2 - q_2^2$$

である．これらの式を用いて

$$B_1^2 + C_1^2 + D_1^2 = B_2^2 + C_2^2 + D_2^2 = B_3^2 + C_3^2 + D_3^2 = 1$$
$$B_1 B_2 + C_1 C_2 + D_1 D_2 = B_1 B_3 + C_1 C_3 + D_1 D_3 = 0$$
$$B_2 B_3 + C_2 C_3 + D_2 D_3 = 0$$

を示すことができる．したがって，(4.8.2) は確かに成立している．

4.8.3　付録 4.3　$\overline{xy} = \bar{y}\bar{x}$ の証明

付録 4.2 で $\overline{xy} = \bar{y}\bar{x}$ であることを証明せずに使ったので，その証明をしておく．

そのために 4.3 節で求めた 2 つの，実部のない四元数の積 vw の式 (4.3.6) を用いて，まず $\overline{vw} = \bar{w}\bar{v}$ であることを示そう．

4.8. 付録 4

vw の共役 $\overline{vw}$ は vw の積 (4.3.6) から

$$\overline{vw} = -(x_1y_1 + x_2y_2 + x_3y_3) - i(x_2y_3 - x_3y_2)$$
$$- j(x_3y_1 - x_1y_3) - k(x_1y_2 - x_2y_1)$$

となる．

ここで，四元数の積の共役と積の順序の交換との関係を考えてみよう．積の順序の交換，すなわち，

$$x_i \longleftrightarrow y_i, \quad (i = 1, 2, 3)$$

の同時入れ替えしたとき，積の実部は符号を変えないが，積の虚部は符号を変える．他方，積の共役をとれば，もとの積の実部を変えないが，積の虚部の符号を変える．したがって，

$$\overline{vw} = wv = \bar{w}\bar{v}$$

であることが予想される[6]．

実際に $\bar{w}\bar{v}$ を求めれば，(4.3.6) を用いて

$$\bar{w}\bar{v} = [-(iy_1 + jy_2 + ky_3)][-(ix_1 + jx_2 + kx_3)]$$
$$= wv$$
$$= -(y_1x_1 + y_2x_2 + y_3x_3) + i(y_2x_3 - y_3x_2)$$
$$+ j(y_3x_1 - y_1x_3) + k(y_1x_2 - y_2x_1)$$
$$= -(x_1y_1 + x_2y_2 + x_3y_3) - i(x_2y_3 - x_3y_2)$$
$$- j(x_3y_1 - x_1y_3) - k(x_1y_2 - x_2y_1)$$
$$= \overline{vw}$$

となる．したがって，$\overline{vw} = \bar{w}\bar{v}$ であることが示された．

---
[6]第 5 章の付録 5.2 参照せよ．

67

第4章 四元数と空間回転1

一般の四元数 x, y は

$$x = x_0 + v$$
$$y = y_0 + w$$

と表されるので，その積は

$$\begin{aligned}xy &= (x_0 + v)(y_0 + w) \\ &= x_0 y_0 + x_0 w + y_0 v + vw\end{aligned}$$

であるから，$\overline{A+B} = \bar{A} + \bar{B}$ であることを用いれば

$$\begin{aligned}\overline{xy} &= x_0 y_0 + x_0 \bar{w} + y_0 \bar{v} + \overline{vw} \\ &= x_0 y_0 + x_0 \bar{w} + y_0 \bar{v} + \bar{w}\bar{v} \\ &= (y_0 + \bar{w})(x_0 + \bar{v}) \\ &= \bar{y}\bar{x}\end{aligned}$$

となる．ただし，ここで

$$\bar{x} = \overline{x_0 + v} = x_0 + \bar{v}$$
$$\bar{y} = \overline{y_0 + w} = y_0 + \bar{w}$$

であることを用いた．

4.9 参考文献4

[1] ポントリャーギン,『数概念の拡張』(森北出版，2002) 32-66 の四元数の記号にしたがった．

[2] W. R. Hamilton, Phil. Mag. 3rd series 25 (1844) 489-495

[3] J. B. Kuipers, *Quaternions and Rotation Sequences*

(Princeton University Press, 2002) 113-118
[4] http://hooktail.sub.jp/mathInPhys/quaternion/の Joh, 四元数の例題
[5] 遠山　啓　編,『現代数学教育事典』(明治図書出版, 1965) 90-91

第 5 章　四元数と空間回転 2

5.1　はじめに

　第 4 章で述べたようにこの書では四元数で空間回転を取り扱うことを最終目標としている．

　四元数による回転の表現の公式 $u = qv\bar{q}$ をできるだけ納得できるように導くというのが前章の目的であり，その目的はいくぶんかは達成できたが，それでもまだ十分ではなかった．

　現在ではベクトルなどの空間回転を取り扱う方法としては

1. ベクトルでの表現

2. マトリックスによる表現

3. 四元数による表現

4. 2 回の鏡映変換による表現

の少なくとも 4 つが知られている．

　この第 4 の表現の存在は第 4 章のもとになった連載原稿をほぼ書き終ったころにインターネットで知った [1]．

　このサイトでの説明から四元数による回転の公式 $u = qv\bar{q}$ の由来は 2 回の鏡映変換で回転を導くことにあるということを知った[1]．

---

[1]歴史的にこのことが正しいのかどうかはまだ私にはわかっていない．

それで，この章ではこの 2 回の鏡映変換による空間の回転について考えてみよう．

5.2 疑問

2 回の鏡映変換によって空間の回転を表すというと「そんな馬鹿な」という反応が起こるかもしれない．

なぜなら，一般に空間回転は連続変換であるのに対し，鏡映変換は連続変換ではないからである．鏡映変換のような連続変換でないものを離散変換と呼ぶ．

連続変換は恒等変換から少しずつ連続的に無限小変換を行って，ある有限な変換を得ることができる．ところが離散変換は恒等変換から連続的な変換で得ることはできない．

だが，ここで「**2 回の鏡映変換によって空間回転を表現する**」としているところに注目したい．

鏡映をするには平面の指定が必要だが (平面の鏡を想像してほしい)，2 回の鏡映を行うためには平面（鏡映面という）が 2 つ必要である．そしてその 2 つの平面の間の角度は空間回転の角度に応じて連続的な値をとることができる．そのことを考えると空間回転を 2 回の鏡映変換によって表す可能性があることがわかるだろう．

1 回の鏡映変換によって上下，前後，あるいは左右のいずれかが変換されていたものが 2 回目の鏡映変換によって元にもどるという点にも注意したい．また鏡映変換によってはベクトルの長さは変らない．このことは回転によってベクトルの長さは変らないことと一致している．

第5章 四元数と空間回転2

5.3 一つの例

3次元空間でのベクトルの鏡映を考える前にウォーミングアップとして，平面上のベクトルの鏡映を考えてみよう [2]．いま図 5.1 を見るとベクトル **a** は鏡映変換 σ_1 によって，ベクトル **b** に変換される[2]．さらに鏡映変換 σ_2 によってベクトル **b** はベクトル **c** に変換される．

このときに鏡映面 σ_1 と σ_2 とのなす角を $\theta/2$ とすれば，図 5.1 からベクトル **a** は 2 回の鏡映変換 $\sigma_2\sigma_1$ によって角 θ だけ回転されてベクトル **c** となった．このとき，回転の軸は原点 O 上にこの紙面に垂直に立っており，紙面から読者の方に向っている．

回転軸のまわりの回転角が θ であれば，そのときには 2 つの鏡映面の間の角度をちょうど回転角の半分の $\theta/2$ にとってそれらの鏡映面での 2 回の鏡映変換すればよい．

この例からわかることは 2 回の鏡映変換によって回転を表現できることである[3]．

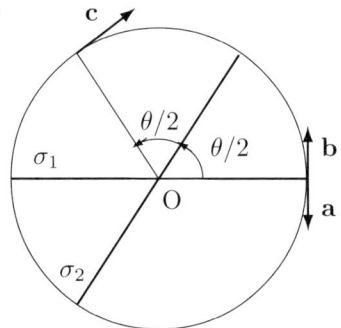

図 5.1: 2 つの鏡映 $\sigma_2\sigma_1$ は回転

---

[2]紙面垂直に図 5.1 の直線 σ_1 上に鏡を立ててその鏡に映る像を考えている．以下，鏡映変換を同様に考えている．
[3][4] では鏡映変換による回転をとりあつかっている．

5.4 2回の鏡映変換による空間の回転

この節で 2 回の鏡映変換による空間の回転の表現を導く [1][4].

5.4.1 前提条件

この節での前提条件をはっきりさせておく.

1. 右手座標系を使用する

2. ベクトルに作用するマトリックスはベクトルに近い右のものからオペレートする. すなわち, $SR\mathbf{r} = S(R\mathbf{r})$

3. 四元数の共役は四元数を表す文字の上に ¯ をつけて, $\bar{q}$ のように表す

5.4.2 ベクトルの鏡映変換

四元数による鏡映変換を考える前に 3 次元ベクトルの鏡映変換を考えてみよう.

図 5.2 のように平面 σ に対してベクトル $\mathbf{r}$ を鏡映変換して, $\mathbf{r}'$ を得たとする. このときにこの鏡映面 σ の単位法線ベクトルを $\mathbf{n}$ とすれば, 図 5.2 からわかるように $\mathbf{r}$ と $\mathbf{r}'$ との関係は

$$\mathbf{r}' = \mathbf{r} - 2(\mathbf{n}\cdot\mathbf{r})\mathbf{n} \tag{5.4.1}$$

である. この関係から得られた, $\mathbf{r}'$ は平面 σ に関する $\mathbf{r}$ の鏡映である.

---

[4]Momose は [1] で 2 回の鏡映変換による空間の回転の表現を [3] から学んだと書いている. この節の説明は基本的に彼らの説明によっているが, その説明のしかたを少し変えたところもある.

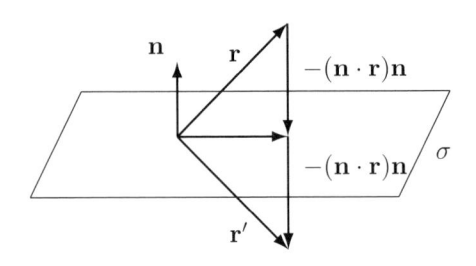

図 5.2: ベクトル r の平面 σ による鏡映変換

5.4.3　四元数によるベクトルの鏡映変換

前の小節で述べたベクトルの鏡映変換を四元数で表すことを考えてみよう．このとき，第 4 章の付録 4.1 で用いたベクトル記法を用いることにしよう．これは上のベクトルの鏡映変換との対応を明確にするためである．

さて，本格的な議論に入る前に，小手調べとしてつぎのような四元数の計算をしてみよう．

$$\begin{aligned} j(xi+yj+zk)j &= j(xij - y + zkj) \\ &= j(xk - y - zi) \\ &= xjk - yj - zji \\ &= xi - yj + zk \end{aligned}$$

これから $j(xi+yj+zk)j = xi-yj+zk$ であることがわかる．実部のない四元数 $xi+yj+zk$ と $xi-yj+zk$ とを 3 次元空間に描いてみれば，図 5.2 からもわかるように $xi-yj+zk$ は $xi+yj+zk$ の j に垂直な面に関して鏡映となっている．このことから N を

5.4. 2回の鏡映変換による空間の回転

一般の実部のない単位四元数として

$$N(xi + yj + zk)N$$

は N に垂直な面に関して，$xi + yj + zk$ の鏡映を与えるのかも知れないという推測が生じる．

その推測を頭の片隅におきながら，考えてみよう．

実部のない四元数 R と N を考える．ここで，R は鏡映の対象となる位置ベクトル $\mathbf{r}$ を表し，N は鏡映面に垂直な法線単位ベクトルを表し，これは単位四元数である．

$$R = (0, \mathbf{r}) \tag{5.4.2}$$
$$N = (0, \mathbf{n}) \tag{5.4.3}$$

いま四元数の積 NR を考えると N と R とは実部をもたないから，

$$NR = -\mathbf{n} \cdot \mathbf{r} + \mathbf{n} \times \mathbf{r} \tag{5.4.4}$$

となる．これは四元数の積の公式

$$NR = N_0 R_0 - \mathbf{N} \cdot \mathbf{R} + N_0 \mathbf{R} + R_0 \mathbf{N} + \mathbf{N} \times \mathbf{R}$$

を思い出し，この式で $N_0 = 0$, $R_0 = 0$, $\mathbf{N} = \mathbf{n}$, $\mathbf{R} = \mathbf{r}$ とおけば得られる．

(5.4.4) を (5.4.1) と比べると，その第1項に $-\mathbf{n} \cdot \mathbf{r}$ という因子は出てくるが，このままではベクトル $\mathbf{n}$ はかかっていない．それでこのベクトルが出てくるようにするためには，$S = NR$ の後ろからもう一度 N をかけてやればよい[5]．

---

[5]この段階ではまだ (5.4.1) の第2項の $-2(\mathbf{n} \cdot \mathbf{r})\mathbf{n}$ の因子2がどこから出てくるかは見通せていない．単に $-(\mathbf{n} \cdot \mathbf{r})\mathbf{n}$ という項を出すことしか頭にはない．後の計算からわかるように，$(\mathbf{n} \times \mathbf{r}) \times \mathbf{n}$ からもう一つの $-(\mathbf{n} \cdot \mathbf{r})\mathbf{n}$ の項がでてくる．

第5章 四元数と空間回転2

その演算を実際に行ってみよう.

$$S = S_0 + \mathbf{S}$$
$$S_0 = -\mathbf{n} \cdot \mathbf{r}$$
$$\mathbf{S} = \mathbf{n} \times \mathbf{r}$$
$$N = N_0 + \mathbf{N}$$
$$N_0 = 0$$
$$\mathbf{N} = \mathbf{n}$$

であるから

$$NRN = SN$$
$$= S_0 N_0 - \mathbf{S} \cdot \mathbf{N} + S_0 \mathbf{N} + N_0 \mathbf{S} + \mathbf{S} \times \mathbf{N}$$
$$= -(\mathbf{n} \times \mathbf{r}) \cdot \mathbf{n} - (\mathbf{n} \cdot \mathbf{r})\mathbf{n} + (\mathbf{n} \times \mathbf{r}) \times \mathbf{n} \quad (5.4.5)$$

$\mathbf{n} \times \mathbf{r}$ と $\mathbf{n}$ とは直交するから

$$(\mathbf{n} \times \mathbf{r}) \cdot \mathbf{n} = 0 \quad (5.4.6)$$

である. また,

$$(\mathbf{n} \times \mathbf{r}) \times \mathbf{n} = \mathbf{r} - (\mathbf{n} \cdot \mathbf{r})\mathbf{n} \quad (5.4.7)$$

となるので,

$$\mathbf{r}' \equiv NRN = \mathbf{r} - 2(\mathbf{n} \cdot \mathbf{r})\mathbf{n} \quad (5.4.8)$$

となる[6].

これは (5.4.1) の $\mathbf{r}$ の鏡映 $\mathbf{r}'$ が四元数の積

$$NRN$$

によって得られたことを示している.

---

[6] $(\mathbf{n} \times \mathbf{r}) \cdot \mathbf{n} = 0$ と $(\mathbf{n} \times \mathbf{r}) \times \mathbf{n} = \mathbf{r} - (\mathbf{n} \cdot \mathbf{r})\mathbf{n}$ が成り立つことは付録5.1に示すが, ベクトル代数の公式を用いて導くのが普通であろう.

5.4.4 　2回の鏡映変換による空間回転

空間回転を2回の鏡映変換によって表現することを考えよう．図 5.3 に示したように **r** を鏡映面 σ で鏡映変換すると **r′** が得られる．そのときの鏡映面 σ の法線は **n** である．こうして得られた **r′** をその法線が **u** の鏡映面 τ でさらに鏡映変換すると **r″** が得られる．図 5.3 でいま紙面内にベクトル **r** と法線ベクトル **n** とを

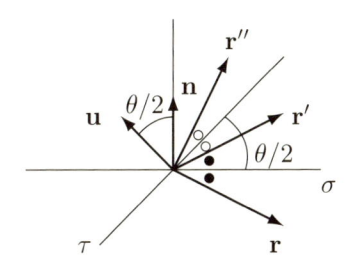

図 5.3: ベクトル **r** の2回の鏡映変換による回転

とれば，鏡映面 σ はこの紙面に垂直であり，**r′** はこの紙面内にある．さらに，二つ目の鏡映面 τ も同様にこの紙面に垂直であり，だからその鏡映面 τ の法線ベクトル **u** もこの同じ紙面内にある．したがって，ベクトル **r″** もこの紙面内にある．

この二つの鏡映面のなす角，すなわち，法線ベクトル **n** ともう一つの法線ベクトル **u** のなす角を $\theta/2$ とすれば，図 5.3 からわかるようにベクトル **r″** は **r** を原点のまわりに角度 θ の回転をして得られたものと同一である．

このとき回転軸は法線ベクトル **n** と **u** とに垂直である，ベクトル **n** × **u** となっている．すなわち，回転軸は **n** × **u** であり，そ

第5章　四元数と空間回転2

の方向はこの紙面に垂直である．そして，この回転軸のまわりの回転角は2つの鏡映面のなす角の2倍である．

こうして，2回の鏡映変換によって任意の角の空間回転を表すことができる．

この2度の鏡映変換を四元数を用いて表現すれば，

$$R' = NRN$$
$$R'' = UR'U$$

であるから，

$$\begin{aligned}R'' &= UR'U \\ &= U(NRN)U \\ &= (UN)R(NU) \\ &= (-UN)R(-NU)\end{aligned} \quad (5.4.9)$$

ここで (5.4.9) の最後の行で UN および NU の前の負号は都合上入れたが，全体での等号が成り立つことは明らかであろう．U と N とが実部のない四元数であったから，積 UN および NU はそれぞれ

$$UN = -\mathbf{n}\cdot\mathbf{u} - \mathbf{n}\times\mathbf{u}$$
$$NU = -\mathbf{n}\cdot\mathbf{u} + \mathbf{n}\times\mathbf{u}$$

となり，したがって

$$-UN = \mathbf{n}\cdot\mathbf{u} + \mathbf{n}\times\mathbf{u}$$
$$-NU = \mathbf{n}\cdot\mathbf{u} - \mathbf{n}\times\mathbf{u}$$

となる．これらの式から，$-UN$ と $-NU$ とが互いに共役である

ことがわかる[7]．そこで $-NU = \overline{(-UN)}$ と表せば

$$R'' = (-UN)R\overline{(-UN)} \tag{5.4.10}$$

と表すことができる．いま **n** と **u** はそれぞれ単位ベクトルで，**n** と **u** のなす角を $\theta/2$ としたから

$$-UN = \cos(\theta/2) + \mathbf{w}\sin(\theta/2) \equiv Q, \quad |\mathbf{w}| = 1 \tag{5.4.11}$$

となる．ここで **w** は

$$\mathbf{w} = \frac{\mathbf{n} \times \mathbf{u}}{|\mathbf{n} \times \mathbf{u}|} = ai + bj + ck, \quad a^2 + b^2 + c^2 = 1, \quad |\mathbf{n} \times \mathbf{u}| = \sin(\theta/2)$$

で定義される，ベクトル **n** × **u** の方向の単位ベクトルであり，また Q は単位四元数となっている．したがって，四元数の積による2回の鏡映変換は

$$R'' = QR\bar{Q} \tag{5.4.12}$$

と表される．

最後に一言だけ注意しておく．(5.4.12) の Q は (5.4.11) からわかるように $\theta/2$ に依存しているが，この四元数による回転の表示が表すのは回転角 θ の空間回転である．このことを不思議だと思う人もいる．その不思議さの一部でもこの節の議論で解明されたらいいと思う．

5.5　おわりに

この章ではこの2回の鏡映変換による空間の回転について述べた．四元数による回転の表現の公式 $u = qv\bar{q}$ の由来がわかったわけであるが，歴史的に Hamilton がこの考えで導いたのかはまだ調べていない．

---

[7]付録5.2で詳しく説明する．

5.6　付録5

5.6.1　付録5.1　(5.4.6) と (5.4.7) の導出

ベクトル代数を知っていれば，3つのベクトル $\mathbf{A}, \mathbf{B}, \mathbf{C}$ について $(\mathbf{A} \times \mathbf{B}) \cdot \mathbf{C}$ はベクトルのスカラー3重積といわれるもので，この3つのベクトルでつくられる平行六面体の体積 V を表すことを知っているであろう．

ところで，この3つのベクトル $\mathbf{A}, \mathbf{B}, \mathbf{C}$ の中の二つが同じものであれば，本来の平行六面体が形成されず，その体積 $V = 0$ となる．

またはつぎのように考えてもよい．

$$(\mathbf{A} \times \mathbf{B}) \cdot \mathbf{C} = \begin{vmatrix} A_1 & A_2 & A_3 \\ B_1 & B_2 & B_3 \\ C_1 & C_2 & C_3 \end{vmatrix}$$

を用いて計算すれば，3次の行列式はいずれかの2つの行が等しければ，行列式 = 0 となるので，

$$(\mathbf{n} \times \mathbf{r}) \cdot \mathbf{n} = 0 \tag{5.4.6}$$

が成り立つといってもよい．

つぎに，ベクトルのベクトル3重積の公式から

$$(\mathbf{A} \times \mathbf{B}) \times \mathbf{C} = \mathbf{B}(\mathbf{A} \cdot \mathbf{C}) - \mathbf{A}(\mathbf{B} \cdot \mathbf{C})$$

であるから，$\mathbf{A} = \mathbf{n}, \mathbf{B} = \mathbf{r}, \mathbf{C} = \mathbf{n}$ とおけば

$$(\mathbf{n} \times \mathbf{r}) \times \mathbf{n} = \mathbf{r} - (\mathbf{n} \cdot \mathbf{r})\mathbf{n} \tag{5.4.7}$$

が得られる．

5.6. 付録 5

(5.4.6), (5.4.7) の関係は [1][3] で図示されているように，図を描いて直観的に求めることもできる．しかし，[1] をインターネットで検索すれば，簡単にその図を見ることができるので，その説明と図はここでは省略しよう．

5.6.2　付録 5.2　実部のない四元数の積の順序の交換と共役四元数

この付録 5.2 では実部のない四元数の積の順序を交換すれば，それが共役四元数となっていることを示す．

$$-UN = \mathbf{n} \cdot \mathbf{u} + \mathbf{n} \times \mathbf{u}$$
$$-NU = \mathbf{n} \cdot \mathbf{u} - \mathbf{n} \times \mathbf{u}$$

であるから，すぐに $-NU = \overline{(-UN)}$ であることがわかるのだが，ここでもう一度第 4 章でした計算を思い出しておこう．

いま U, N を実部のない四元数とする．すなわち，

$$U = (0, \mathbf{u}) = (0, \ u_1 i + u_2 j + u_3 k)$$
$$N = (0, \mathbf{n}) = (0, \ n_1 i + n_2 j + n_3 k)$$

とする．このとき

$$\begin{aligned} UN &= (u_1 i + u_2 j + u_3 k)(n_1 i + n_2 j + n_3 k) \\ &= -(u_1 n_1 + u_2 n_2 + u_3 n_3) + (u_2 n_3 - u_3 n_2)i \\ &\quad + (u_3 n_1 - u_1 n_3)j + (u_1 n_2 - u_2 n_1)k \end{aligned}$$

したがって，

$$\begin{aligned} -UN &= (u_1 n_1 + u_2 n_2 + u_3 n_3) + (n_2 u_3 - n_3 u_2)i \\ &\quad + (n_3 u_1 - n_1 u_3)j + (n_1 u_2 - n_2 u_1)k \end{aligned} \quad (5.6.1)$$

となる．

$-NU$ はこの (5.6.1) で (u_1, u_2, u_3) と (n_1, n_2, n_3) とを入れ替えてやれば，求められる．すなわち，

$$\begin{aligned}
-NU &= (u_1 n_1 + u_2 n_2 + u_3 n_3) - (n_2 u_3 - n_3 u_2)i \\
&\quad - (n_3 u_1 - n_1 u_3)j - (n_1 u_2 - n_2 u_1)k \\
&= (u_1 n_1 + u_2 n_2 + u_3 n_3) + (n_2 u_3 - n_3 u_2)(-i) \\
&\quad + (n_3 u_1 - n_1 u_3)(-j) + (n_1 u_2 - n_2 u_1)(-k) \\
&= \overline{(-UN)}
\end{aligned} \qquad (5.6.2)$$

このように実部のない二つの四元数の積の順序を入れ替えるとその元の積の共役が得られることが四元数による回転の表示 $u = qv\bar{q}$ を理解するための重要なポイントとなっている．

蛇足．N や U は実部のない四元数であるが，その積 NU または UN は実部をもつ四元数であることに再度注意しておこう．

5.7 参考文献 5

[1] momose-d.cocolog-nifty.com/Quaternions_Rotations_Meaning.pdf
[2] S. L. Altmann, *Rotations, Quaternions and Double Groups* (Dover Pub., 2005) 34
[3] 河野俊丈,『新版　組みひもの数理』(遊星社, 2009) 105-120
[4] L. C. Biedenharn and J. D. Louck, *Angular Momentum in Quantum Physics: Theory and Application* (Addison-Wesley, 1981) 180-204

第6章 四元数と空間回転3

6.1 はじめに

第4, 5章で前にも述べたが,ベクトルなどの空間回転を取り扱う方法としては

1. ベクトルでの表現

2. 行列による表現

3. 四元数による表現

4. 2回の鏡映変換による表現

の少なくとも4つが知られている.

四元数による回転の表現の公式 $u = qv\bar{q}$ の導出を第4, 5章で述べたが,別の観点から導出をする.ここで q が単位四元数であるから, $q^{-1} = \bar{q}$ で,この章では $u = qvq^{-1}$ と表す.

別の観点とは同形(同型)写像を指導原理として四元数による回転表現の式を導くことである.さて,同形写像とはどういう写像であったか.

$$f(v+w) = f(v) + f(w) \quad (6.1.1)$$
$$f(vw) = f(v)f(w) \quad (6.1.2)$$

この二つの条件を満たす写像を同形写像という [1][2].

第 6 章　四元数と空間回転 3

　この (6.1.1) は $v, w \to v + w$ という和の演算が写像 f で保存されており，(6.1.2) は $v, w \to vw$ という積の演算がやはり写像 f で保存されることを示している．そのときに写像 f とはどんな形の式で表されるか．

　そのことを次節で考えることにするが，結論を先取りして述べれば，(6.1.1),(6.1.2) を同時に満たす，写像は $f(v) = qvq^{-1}$ であり，v を実部をもたない四元数とすれば，$f(v)$ は空間の回転を四元数で表すことを示したい．

6.2　同形写像

　前節で与えた条件 (6.1.1),(6.1.2) を関数方程式としてみた場合にどういう解が得られるか．2 つの条件 (6.1.1),(6.1.2) を同時に満たすような関数の解はないと言われている [3]．

　しかし，いまは四元数の間の写像を考えるから，そのような写像 f は存在するはずである (実はその写像をすでに第 4, 5 章で求めている)．それを (6.1.1),(6.1.2) の条件から求めてみよう．

　まず (6.1.1) の条件から考えれば，これは写像 f が線形であることを示している．それで (6.1.1) を満たす変換として

$$f(v) = qv, \quad q = 一定$$

はそのような写像の候補となる [1]．実際に

$$f(v + w) = q(v + w)$$
$$= qv + qw$$
$$= f(v) + f(w)$$

---

[1] 2 次写像 $f(v) = qv^2$ や一般の 1 次写像 $f(v) = qv + r$ とかは (6.1.1),(6.1.2) を満たさないことが，具体的に調べてみればわかる．(6.1.1) を満たす写像 (関数) には $f(v) = qv$ しか存在しない．

84

6.2. 同形写像

と (6.1.1) を満たす．それでは写像 $f(v) = qv$ は (6.1.2) を満たすだろうか．

$$f(vw) = qvw$$

となって，これでは

$$f(v)f(w) = qv \cdot qw$$

とはならない．しかし，(6.1.2) が成り立つためにはどうしても w の前に因子 q は必要である．またそれは可能である．w の前に因子 q をつくる代償として，vw を

$$v \cdot 1 \cdot w = v(q^{-1}q)w = vq^{-1} \cdot qw$$

と考えれば，必然的に qv の後ろに因子 q^{-1} が来なければならない．そこで，$f(v) = qvq^{-1}$ と修正をする．したがって

$$\begin{aligned}f(vw) &= qvwq^{-1} \\ &= qvq^{-1} \cdot qwq^{-1} \\ &= f(v)f(w)\end{aligned}$$

となる．

確かに，写像 $f(v) = qvq^{-1}$ は条件 (6.1.2) を満たしている．この写像 f は

$$\begin{aligned}f(v+w) &= q(v+w)q^{-1} \\ &= (qv+qw)q^{-1} \\ &= qvq^{-1} + qwq^{-1} \\ &= f(v) + f(w)\end{aligned}$$

と (6.1.1) も満たす．

すなわち，四元数の和と積の演算を保つような，すなわち条件 (6.1.1), (6.1.2) を満たす写像 f として

$$f(v) = qvq^{-1} \tag{6.2.1}$$

が得られた．

6.3　直交補空間

いま n 次元のベクトルの全体の集合を考えて，これを n 次元ベクトル空間 V^n とよぶ[2]．

このベクトル空間の部分空間 W が与えられたとき，W のすべてのベクトル $\mathbf{y}$ と直交するような $\mathbf{x}$ の全体の集合はもう一つの部分空間 U になる．これを W の直交補空間という．

具体的に直交補空間の例を考えよう．3 次元のベクトル空間を考えたとき，この 3 次元ベクトル空間はそのベクトル空間の中のある一つの直線に垂直な平面（2 次元ユークリッド空間）とそれに垂直な直線の方向の空間に分けることができる．このときそれぞれの空間，すなわち，平面とそれに垂直な直線方向の空間は互いにいま挙げた直交補空間となっている．

いま，この 3 次元空間の中のある平面に垂直な任意の直線を固定軸として，その軸のまわりに平面を回転させることができる．

この平面上にベクトルをとれば，そのベクトルも固定軸のまわりに回転するが，この平面上からぬけ出すことはなく，この平面上のベクトルでありつづける．また，平面に垂直なベクトルはこの軸のまわりの回転によって，この平面を通る点の位置は固定軸のまわりに回転するけれども，この平面に垂直なベクトルが垂直

---

[2] この節で部分的かつ不十分にしか述べられなかった，ベクトル空間やユーリッド・ベクトル空間と四元数についての体系的な知識は [1] を参照せよ．

6.3. 直交補空間

の状態から傾いてしまったり，はたまた平面上のベクトルになってしまったりすることはない．

こういう状況はもちろん，回転軸のとり方があくまで特殊なのであって，平面に垂直な軸ではなく平面上に存在する，ある軸のまわりの $\pi/2$ の回転をとれば，平面に垂直だったベクトルをその平面上のベクトルに変換することはもちろん可能である．

それはともかく，上に述べた 3 次元ユークリッド空間を 2 次元のユークリッド空間とそれに直交した 1 次元のユークリッド空間とに分けることができるという考えはおもしろい．こういう 3 次元空間における 2 次元ユークリッド空間（平面）とそれに直交した 1 次元空間（直線）という 2 つの直交した空間を一般化して，直交補空間という考えが生まれた．

平面の直交補空間はそれに垂直な方向の 1 次元のユークリッド空間であり，またこの 1 次元のユークリッド空間の直交補空間はそれに直交した平面である．

上で見てきたように，平面に垂直なある直線のまわりの回転によって平面上のベクトルはその方向や向きは変るが，やはりその平面上のベクトルであり続ける．

平面全体で見れば，平面は回転するけれども，その平面の方向（これは平面の法線の方向で決める）は不変である．

Hamilton が " 三元数 " をつくろうとして，

$$(a + bi + cj)(x + yi + zj)$$

の積を考えたときに，新しい 4 つ目の元 k の存在を認めざるを得なかった．これから " 三元数 " は存在せず，Hamilton が四元数を発見する契機となったことはすで第 2 章に述べた．

しかし，そうやって発見した四元数の 4 つの元 $1, i, j, k$ のしたがう代数は 1 と i, j, k とでは大いに異なっていた．もう一度復習をしておくと

第6章 四元数と空間回転 3

1. 1はi,j,kの各元とは交換可能である．

$$1 \cdot i = i \cdot 1, \quad 1 \cdot j = j \cdot 1, \quad 1 \cdot k = k \cdot 1$$

2. i,j,kの各元は交換可能ではない．もっと詳しくいえば，それらの間の交換に対して反対称（交代）である．またその中の2つの積からこの積の因子にはない，第3の元が生ずる．

$$ij = -ji = k, \quad jk = -kj = i, \quad ki = -ik = j$$

したがって，こういう考察からi,j,kを元としてつくられる空間が3次元空間と同定できるのではないかというアディアが浮かんでくる．

そうすると，四元数の中でi,j,kでつくられる空間と別のもう一つの1を元としてつくられる空間とがあたかも互いに直交補空間をなしているのではないか．これは四元数の実部の部分Rと虚の部分Iとが画然と性質が異なっていることから予想されることである[3]．

いま，天下りだが，四元数の4つの元$1,i,j,k$をそれぞれ

$$1 = (1,0,0,0)$$
$$i = (0,1,0,0)$$
$$j = (0,0,1,0)$$
$$k = (0,0,0,1)$$

ととれば，四元数の全体は4次元のベクトル空間と同一視することができる．このときスカラー積を普通の3次元ベクトルとまっ

---

[3] 四元数の実部の部分空間Rは$v = w$，($w =$ 実数) の場合であり，虚部の部分空間Iは$v = xi + yj + zk$，($x,y,z =$ 実数) の場合である．

6.3. 直交補空間

たく同様に定義できる．四元数での実数は $w = (w, 0, 0, 0)$ と，また実部をもたない四元数は $v = (0, x, y, z)$ と表すことができ

$$(w, 0, 0, 0) \cdot (0, x, y, z) = (0, 0, 0, 0)$$

であるから $(w, 0, 0, 0)$ と $(0, x, y, z)$ とは直交する．それで四元数の中で実部がつくる部分空間 R と虚部がつくる部分空間 I が互いに直交補空間となっている [4]．

四元数 v がいま実部のみをもっており，虚部をもたないとき，q は一般の四元数であるとすれば，$q \neq 0$ のとき q^{-1} が存在して q^{-1} と v とは交換可能であるので

$$qvq^{-1} = qq^{-1}v = v \tag{6.3.1}$$

となり，写像 $f(v) = qvq^{-1}$ によって v は不変である．このことを記号的に表すならば

$$v \in R \to qvq^{-1} \in R$$

となる．

つぎに四元数 v が実部をもたず，虚部だけをもつならば，

$$v = xi + yi + zk, \quad q = d + ai + bj + ck \tag{6.3.2}$$

と表し，写像 $f(v) = qvq^{-1}$ を考えよう．このとき $q^{-1} = \frac{1}{|q|^2}(d - ai - bj - ck)$ であった．したがって

$$qvq^{-1} = (d + ai + bj + ck)(xi + yj + zk)\frac{1}{|q|^2}(d - ai - bj - ck) \tag{6.3.3}$$

である．

---

[4]詳細は補注 12.2 を参照．

第6章 四元数と空間回転3

そこで，まず vq^{-1} の積の計算を行うと

$$vq^{-1} = \frac{1}{|q|^2}(xi + yj + zk)(d - ai - bj - ck)$$
$$= \frac{1}{|q|^2}[(ax + by + cz) + (dx - cy + bz)i$$
$$+ (cx + dy - az)j + (-bx + ay + dz)k]$$
$$= \frac{1}{|q|^2}[D + Ai + Bj + Ck]$$

となる．

ここで，

$$D = ax + by + cz \tag{6.3.4}$$
$$A = dx - cy + bz \tag{6.3.5}$$
$$B = cx + dy - az \tag{6.3.6}$$
$$C = -bx + ay + dz \tag{6.3.7}$$

である．

つづいて

$$qvq^{-1} = (d + ai + bj + ck)\frac{1}{|q|^2}(D + Ai + Bj + Ck)$$
$$= \frac{1}{|q|^2}[(dD - aA - bB - cC) + (aD + dA - cB + bC)i$$
$$+ (bD + cA + dB - aC)j + (cD - bA + aB + dC)k] \tag{6.3.8}$$

が得られる．

まず qvq^{-1} の実部の中の

$$dD - aA - bB - cC$$

6.3. 直交補空間

がどうなるか調べてみよう．

$$dD - aA - bB - cC$$
$$= d(ax + by + cz) - a(dx - cy + bz) - b(cx + dy - az)$$
$$- c(-bx + ay + dz)$$
$$= (ad - ad - bc + bc)x + (bd + ac - bd - ac)y$$
$$+ (cd - ab + ab - cd)z$$
$$= 0$$

であるから，qvq^{-1} の実部は 0 となる．すなわち

$$\mathrm{Re}(qvq^{-1}) = 0 \tag{6.3.9}$$

である．

したがって

$$qvq^{-1} = x'i + y'j + z'k \tag{6.3.10}$$

の形に表される．ここで

$$x' = \frac{1}{|q|^2}(aD + dA - cB + bC) \tag{6.3.11}$$

$$y' = \frac{1}{|q|^2}(bD + cA + dB - aC) \tag{6.3.12}$$

$$z' = \frac{1}{|q|^2}(cD - bA + aB + dC) \tag{6.3.13}$$

である．

以上から，qvq^{-1} は実部をもたない，虚部だけの四元数であることがわかった．これは実は第 4 章ですでにそうなるように写像をつくったことを思い出してほしい．

すなわち，**写像** $u = f(v) = qvq^{-1}$ **によって実部だけからなる四元数** v **は実部だけからなる四元数** u **に，虚部だけからなる四元**

第6章　四元数と空間回転3

数 v は虚部だけの四元数 u に写像される：四元数 v の部分空間 R の写像 f は R であり，部分空間 I の写像は I であることを示している．

前に述べた用語でいえば四元数の実部のつくる部分空間 R と虚部のつくる部分空間 I は，ベクトル空間のそれぞれ互いの直交補空間となっており，互いに直交補空間であるという性質は写像 $u = f(v) = qvq^{-1}$ によっては変らない (保存される)[5]．

このことを実部だけの四元数がやはり実部だけの四元数に写像されるという性質とあわせて，まとめて記号的に表せば

$$v \in R \to qvq^{-1} \in R$$
$$v \in I \to qvq^{-1} \in I$$

と表すことができる．

6.4　v の大きさの保存

この節では v は実部をもたない四元数であるとして写像 $u = f(v) = qvq^{-1}$ によって v の大きさが保存されることを示そう．これはベクトルはこの写像によって，その大きさが変らないこと，すなわち，ベクトルの空間回転を写像 $u = f(v)$ が表すことを意味する．

v とは違って，いま q は一般の四元数である．その一般的な四元数による写像 $u = f(v) = qvq^{-1}$ はその大きさを保存すること

---

[5]Hamilton が三元数をつくろうとして $(a + bi + cj)(x + yi + zk)$ の積を考えたときに，どうしても新しい第四の元 $k = ij = -ji$ の存在を認めなければならなかった．その事実と対照すれば，四元数 v の実部の部分空間 R と虚部の部分空間 I がそれぞれ写像 qvq^{-1} によって交じり合わないで，保存されているという事実は興味深い．この事実から写像 qvq^{-1} が空間回転を表すという発想へと導かれたのではないかと推測される．

を示そう (大部分の文献や付録 4.2 では q を単位四元数にとっている．ここでは単位四元数ではない，一般的な四元数でも大きさの保存が成り立つことを示す).

そのために qvq^{-1} のノルムの 2 乗を考えよう．$\overline{qvq^{-1}}$ と $\bar{v}$ は qvq^{-1} と v の共役を表すとすれば [6]，

$$\begin{aligned}|qvq^{-1}|^2 &= (qvq^{-1})\overline{(qvq^{-1})} \\ &= \frac{1}{|q|^2}qvq^{-1}q\bar{v}\bar{q} \\ &= \frac{1}{|q|^2}q|v|^2\bar{q} \\ &= \frac{1}{|q|^2}|q|^2|v|^2 \\ &= |v|^2\end{aligned} \quad (6.4.1)$$

したがって，v の大きさは写像 f によっては変らない (保存される).

これは $v = xi + yj + zk$，$q = d + ai + bj + ck$ を代入して $|qvq^{-1}|^2$ を直接計算しても確かめられる．

大部分の文献では q を単位四元数としているが，この q を単位四元数に限定する理由は，この四元数を $q = \cos\frac{\theta}{2} + n\sin\frac{\theta}{2}$ と表すためである．ここで，n は空間回転の回転軸の方向を表しており，角 θ は空間の回転軸 n のまわりの回転角を表している．

6.5 四元数表現から SO(3) 表現へ

この節では空間回転の四元数による表現から行列の SO(3) 表現を導く [7].

---

[6] $\overline{qvq^{-1}}$ の計算は付録 6.1 で述べる．
[7] SO(3) とは，要素が実数の 3 行 3 列の行列のつくる直交群 O で，O の転置行列 O^t が逆行列となり，すなわち $O^t = O^{-1}$ が成立し，かつその行列式 $\det O = 1$ であるものをいう．群については，例えば，[4] を参照せよ．

第 6 章　四元数と空間回転 3

これは 6.3 節の (6.3.10) を四元数 q のノルムが 1 の場合，すなわち $|q| = 1$ に対して単に計算するだけである．したがって，6.4 節までとは異なって，この節では四元数 q は単位四元数にとる．

この単位四元数は $q = \cos\frac{\theta}{2} + n\sin\frac{\theta}{2}$ と表すことができる．ここで $n = n_1 i + n_2 j + n_3 k$ であり，$|n|^2 = n_1^2 + n_2^2 + n_3^2 = 1$ である．この四元数 n は空間回転の軸の方向を示している．n_1, n_2, n_3 は回転軸の方向余弦であり，3 つのパラメータがあるように見えるが，実は $n_1^2 + n_2^2 + n_3^2 = 1$ の条件があるから，フリーなパラメータは 2 つしかない．このとき $|q| = 1$ であることは自明であろう．したがって，このとき $q^{-1} = \bar{q}$ が成り立つ．

6.3 節では
$$q = d + ai + bj + ck$$
と表していたから
$$d = \cos\frac{\theta}{2},\ \ a = n_1 \sin\frac{\theta}{2},\ \ b = n_2 \sin\frac{\theta}{2},\ \ c = n_3 \sin\frac{\theta}{2} \quad (6.5.1)$$
ととることになる．
$$v = xi + yj + zk$$
であるが，この式の記号を
$$x_1 = x,\ \ x_2 = y,\ \ x_3 = z \tag{6.5.2}$$
と変更する．

さらに，6.3 節の (6.3.10) で
$$x'_1 = x',\ \ x'_2 = y',\ \ x'_3 = z' \tag{6.5.3}$$
と記号を変更すれば
$$qv\bar{q} = x'_1 i + x'_2 j + x'_3 k \tag{6.5.4}$$

6.5. 四元数表現から SO(3) 表現へ

と表され，また x'_1, x'_2, x'_3 は (6.3.11)-(6.3.13) で表されており，D, A, B, C は (6.3.4)-(6.3.7) で表されている．

これらの式に (6.5.1) の d, a, b, c を代入すれば，D, A, B, C は

$$D = (n_1 x_1 + n_2 x_2 + n_3 x_3) \sin \frac{\theta}{2}$$
$$A = x_1 \cos \frac{\theta}{2} + (n_2 x_3 - n_3 x_2) \sin \frac{\theta}{2}$$
$$B = x_2 \cos \frac{\theta}{2} + (n_3 x_1 - n_1 x_3) \sin \frac{\theta}{2}$$
$$C = x_3 \cos \frac{\theta}{2} + (n_1 x_2 - n_2 x_1) \sin \frac{\theta}{2}$$

となる．

つぎに x'_1, x'_2, x'_3 を

$$x'_1 = aD + dA - cB + bC = E_1 x_1 + E_2 x_2 + E_3 x_3 \quad (6.5.5)$$
$$x'_2 = bD + cA + dB - aC = F_1 x_1 + F_2 x_2 + F_3 x_3 \quad (6.5.6)$$
$$x'_3 = cD - bA + aB + dC = G_1 x_1 + G_2 x_2 + G_3 x_3 \quad (6.5.7)$$

と表す．ここで

$$E_1 = n_1^2 (1 - \cos \theta) + \cos \theta$$
$$E_2 = n_1 n_2 (1 - \cos \theta) - n_3 \sin \theta$$
$$E_3 = n_1 n_3 (1 - \cos \theta) + n_2 \sin \theta$$
$$F_1 = n_1 n_2 (1 - \cos \theta) + n_3 \sin \theta$$
$$F_2 = n_2^2 (1 - \cos \theta) + \cos \theta$$
$$F_3 = n_2 n_3 (1 - \cos \theta) - n_1 \sin \theta$$
$$G_1 = n_1 n_3 (1 - \cos \theta) - n_2 \sin \theta$$
$$G_2 = n_2 n_3 (1 - \cos \theta) + n_1 \sin \theta$$
$$G_3 = n_3^2 (1 - \cos \theta) + \cos \theta$$

である．

x_1', x_2', x_3' と x_1, x_2, x_3 の関係 (6.5.5)-(6.5.7) はもちろん行列で線形変換として書き表すこともできる．

$$\begin{pmatrix} x_1' \\ x_2' \\ x_3' \end{pmatrix} = \begin{pmatrix} E_1 & E_2 & E_3 \\ F_1 & F_2 & F_3 \\ G_1 & G_2 & G_3 \end{pmatrix} \begin{pmatrix} x_1 \\ x_2 \\ x_3 \end{pmatrix} \quad (6.5.8)$$

そして，この3行3列の行列が直交行列であることを証明することができる．その証明は式が少し面倒なので，付録6.2に述べる[8]．

6.6 おわりに

同形写像 (6.1.1), (6.1.2) から空間回転の四元数表現 $u = f(v) = qvq^{-1}$ を導いた．しかし，どうしてこのような同形写像を考えついたのかはいまのところまだ私には明らかではない．歴史的に振り返って見る必要があるであろう．

それはともかく四元数の回転表現 $u = f(v) = qvq^{-1}$ が行列の直交変換と結びつくことがわかった．しかし，さらに行列での回転の表現とベクトルでの回転表現との同等性や行列による回転の表現についても SO(3) 表現と SU(2) 表現の同等性とか議論したいことが残っている．それらはつぎの章以下のテーマとしたい．

---

[8] この変換 (6.5.8) は行列の成分が回転角 $\theta = 0$ のときに，対角成分が $E_1 = F_2 = G_3 = 1$ で，かつ非対角成分はすべて 0 であるので恒等変換を含んでいる．すなわち，この行列の行列式の値は 1 である．

6.7 付録6

6.7.1 付録6.1 $\overline{qvq^{-1}}$ の計算

$\overline{qvq^{-1}}$ の計算はいま

$$q^{-1} = \frac{\bar{q}}{|q|^2}$$

であるから

$$\begin{aligned}
\bar{u} &= \overline{qvq^{-1}} \\
&= \overline{qv\frac{\bar{q}}{|q|^2}} \\
&= \frac{1}{|q|^2}q\overline{(qv)} \\
&= \frac{1}{|q|^2}q\bar{v}\bar{q}
\end{aligned}$$

となる.

6.7.2 付録6.2 (6.5.8)は直交変換である

(6.5.8)が直交変換であることは

$$\begin{pmatrix} E_1 & F_1 & G_1 \\ E_2 & F_2 & G_2 \\ E_3 & F_3 & G_3 \end{pmatrix} \begin{pmatrix} E_1 & E_2 & E_3 \\ F_1 & F_2 & F_3 \\ G_1 & G_2 & G_3 \end{pmatrix} = \begin{pmatrix} 1 & 0 & 0 \\ 0 & 1 & 0 \\ 0 & 0 & 1 \end{pmatrix} \quad (6.7.1)$$

第6章 四元数と空間回転3

であることを示せばよい．したがって，

$$E_1^2 + F_1^2 + G_1^2 = 1 \qquad (6.7.2)$$

$$E_2^2 + F_2^2 + G_2^2 = 1 \qquad (6.7.3)$$

$$E_3^2 + F_3^2 + G_3^2 = 1 \qquad (6.7.4)$$

$$E_1 E_2 + F_1 F_2 + G_1 G_2 = 0 \qquad (6.7.5)$$

$$E_1 E_3 + F_1 F_3 + G_1 G_3 = 0 \qquad (6.7.6)$$

$$E_2 E_3 + F_2 F_3 + G_2 G_3 = 0 \qquad (6.7.7)$$

が示せればよい．

以下ではその詳細な計算を示す．上の式の6つの式の前半の3つの式 (6.7.2)-(6.7.4) と後半の3つの式 (6.7.5)-(6.7.7) がそれぞれ成り立つことを示す．

まず，前半の式の証明をする．いま

$$P = [n_i^2(1 - \cos\theta) + \cos\theta]^2 + [n_i n_j(1 - \cos\theta) + n_k \sin\theta]^2$$
$$+ [n_i n_k(1 - \cos\theta) - n_j \sin\theta]^2$$

とおけば，この P は

$$i = 1,\ j = 2,\ k = 3 \ \text{のときに} \quad E_1^2 + F_1^2 + G_1^2$$
$$i = 2,\ j = 3,\ k = 1 \ \text{のときに} \quad E_2^2 + F_2^2 + G_2^2$$
$$i = 3,\ j = 1,\ k = 2 \ \text{のときに} \quad E_3^2 + F_3^2 + G_3^2$$

となる．したがって，この P を計算すればよい．式の表記を簡単にするために $\cos\theta = c, \sin\theta = s$ と略記する．さらに $1 - c = A$ とおく．そうすると上の P は

$$P = [n_i^2(1-c) + c]^2 + [n_i n_j (1-c) + n_k s]^2$$
$$+ [n_i n_k (1-c) - n_j s]^2$$
$$= [n_i^2 A + c]^2 + [n_i n_j A + n_k s]^2 + [n_i n_k A - n_j s]^2$$

と少し簡潔に表される．また計算の中で $n_i^2 + n_j^2 + n_k^2 = 1$ の関係を用いる．そうすると

$$
\begin{aligned}
P &= [n_i^2 A + c]^2 + [n_i n_j A + n_k s]^2 + [n_i n_k A - n_j s]^2 \\
&= n_i^4 A^2 \qquad\quad + c^2 + 2n_i^2 Ac \\
&\quad + n_i^2 n_j^2 A^2 \qquad\qquad + n_k^2 s^2 + 2n_i n_j n_k As \\
&\quad + n_i^2 n_k^2 A^2 \qquad\qquad + n_j^2 s^2 - 2n_i n_j n_k As \\
&= n_i^2 A^2 + 2n_i^2 Ac + c^2 + s^2 - n_i^2 s^2 \\
&= n_i^2 (1-c)(1+c) - n_i^2 s^2 + 1 \\
&= n_i^2 (1 - c^2 - s^2) + 1 \\
&= 1
\end{aligned}
$$

と計算できる．

ただし，上の P の式の2行目から4行目では計算がわかりやすいように上下に同じ位置にそろった項ごとに加えて計算している．これで，前半の3つの式が証明された．

つぎに後半の式の証明をする．いま

$$
\begin{aligned}
Q &= [n_i^2(1-\cos\theta) + \cos\theta][n_i n_j(1-\cos\theta) - n_k \sin\theta] \\
&\quad + [n_i n_j(1-\cos\theta) + n_k \sin\theta][n_j^2(1-\cos\theta) + \cos\theta] \\
&\quad + [n_i n_k(1-\cos\theta) - n_j \sin\theta][n_j n_k(1-\cos\theta) + n_i \sin\theta]
\end{aligned}
$$

とおけば，この Q は

$$
\begin{aligned}
&i=1,\ j=2,\ k=3 \ \text{のときに} \quad E_1 E_2 + F_1 F_2 + G_1 G_2 \\
&i=3,\ j=1,\ k=2 \ \text{のときに} \quad E_1 E_3 + F_1 F_3 + G_1 G_3 \\
&i=2,\ j=3,\ k=1 \ \text{のときに} \quad E_2 E_3 + F_2 F_3 + G_2 G_3
\end{aligned}
$$

となる．したがって，この Q を計算すればよい．前と同じく $\cos\theta = c, \sin\theta = s$ と略記し，さらに $1-c = A$ とおく．そうすると上

第 6 章 四元数と空間回転 3

の Q は

$$\begin{aligned}Q &= [n_i^2(1-c)+c][n_i n_j(1-c)-n_k s]\\ &\quad + [n_i n_j(1-c)+n_k s][n_j^2(1-c)+c]\\ &\quad + [n_i n_k(1-c)-n_j s][n_j n_k(1-c)+n_i s]\\ &= [n_i^2 A + c][n_i n_j A - n_k s] + [n_i n_j A + n_k s][n_j^2 A + c]\\ &\quad + [n_i n_k A - n_j s][n_j n_k A + n_i s]\end{aligned}$$

と少し簡潔に表される．また計算で $n_i^2+n_j^2+n_k^2=1$ と $c^2+s^2=1$ の関係を用いる．したがって

$$\begin{aligned}Q &= [n_i^2 A + c][n_i n_j A - n_k s] + [n_i n_j A + n_k s][n_j^2 A + c]\\ &\quad + [n_i n_k A - n_j s][n_j n_k A + n_i s]\\ &= \quad n_i^3 n_j A^2 - \quad\quad n_i^2 n_k As + n_i n_j Ac - n_k cs\\ &\quad + \quad n_i n_j^3 A^2 + \quad\quad n_j^2 n_k As + n_i n_j Ac + n_k cs\\ &\quad + n_i n_j n_k^2 A^2 + (n_i^2 n_k - n_j^2 n_k)As \quad\quad\quad - n_i n_j s^2\\ &= n_i n_j A^2 + 2 n_i n_j Ac - n_i n_j s^2\\ &= n_i n_j (1-c)(1+c) - n_i n_j s^2\\ &= n_i n_j (1 - c^2 - s^2)\\ &= 0\end{aligned}$$

と求めることができる．

ただし，上の Q の式の 3 行目から 5 行目では計算がわかりやすいように上下の同じ位置にそろった項ごとに加えて計算している．

以上から，(6.5.8) の行列は直交行列であり，したがって (6.5.8) は直交変換であることが示された．

6.8　参考文献 6

[1] ポントリャーギン,『数概念の拡張』(森北出版, 2002) 32-66
[2] http://sammaya.garyoutensei.com/math_phys/math1/math1-12/math1-12.html
[3] http:/www004.upp.so-net.ne.jp/s_honma/func-eq/func-eq.htm
[4] 山内恭彦, 杉浦光夫,『連続群論入門』(培風館, 1960) 30

第7章　空間回転とSU(2)

7.1　はじめに

第6章では行列による回転の表示として SO(3) による表現を述べた．この SO(3) の表現に対応した SU(2) の表現をこの章で述べたい[1]．

SO(3) による表現として3次元のベクトル $x^1 e_1 + x^2 e_2 + x^3 e_3$ を考えるとき，ここで基底ベクトル e_1, e_2, e_3 を

$$e_1 = \begin{bmatrix} 1 \\ 0 \\ 0 \end{bmatrix}, \quad e_2 = \begin{bmatrix} 0 \\ 1 \\ 0 \end{bmatrix}, \quad e_3 = \begin{bmatrix} 0 \\ 0 \\ 1 \end{bmatrix}$$

ととる[2]．

すなわち，

$$\begin{bmatrix} x^1 \\ x^2 \\ x^3 \end{bmatrix} = x^1 \begin{bmatrix} 1 \\ 0 \\ 0 \end{bmatrix} + x^2 \begin{bmatrix} 0 \\ 1 \\ 0 \end{bmatrix} + x^3 \begin{bmatrix} 0 \\ 0 \\ 1 \end{bmatrix} = x^1 e_1 + x^2 e_2 + x^3 e_3 \quad (7.1.1)$$

このようにして3次元のベクトルを3行1列の列ベクトルとして表すことができる．

---

[1] SU(2) とは要素が複素数の2行2列の行列のつくるユニタリー群，その元 U のエルミート共役行列 $U^\dagger$ が U の逆行列となり，すなわち，$U^\dagger = U^{-1}$ が成立し，かつその行列式 $\det U = 1$ であるものをいう．[1] を参照せよ

[2] ここで，x^1, x^2, x^3 の肩につけた添字はべきを表す指数ではない．べき指数を表す場合は文字をカッコで囲んだ外側に $(x^1)^2$ のように表す．

7.2. SU(2) の表現

　成分が (x^1, x^2, x^3) のベクトルは回転してそのベクトルの成分が (x'^1, x'^2, x'^3) になったとしよう。このときに (x^1, x^2, x^3) と (x'^1, x'^2, x'^3) との関係は 3 行 3 列の行列で表される[3]。

　これが前回に取り扱った回転の SO(3) 表現であった．次節では SO(3) 表現に対応した SU(2) の表現を述べよう．

　つぎの節に行く前に一つ注意をしておきたい．次節以下で少しこみいったことはすべて付録 7 に回した．だから読んで途中で気になったところがあっても，まずは話の筋を優先してほしい．その後で気になったところは付録 7 の説明で補うか，またはそこに挙げられた参考文献を参照してほしい．それらを参照すれば，納得をして頂けるであろう．

7.2　SU(2) の表現

　いま，$x^1 e_1 + x^2 e_2 + x^3 e_3$ で基底ベクトル e_1, e_2, e_3 を 2 行 2 列の行列

$$\sigma_1 = \begin{bmatrix} 0 & 1 \\ 1 & 0 \end{bmatrix}, \quad \sigma_2 = \begin{bmatrix} 0 & -i \\ i & 0 \end{bmatrix}, \quad \sigma_3 = \begin{bmatrix} 1 & 0 \\ 0 & -1 \end{bmatrix} \tag{7.2.1}$$

に変えると

$$x^1 \sigma_1 + x^2 \sigma_2 + x^3 \sigma_3 \tag{7.2.2}$$

が得られる [2]．この $\sigma_1, \sigma_2, \sigma_3$ は Pauli 行列といい，量子力学で電子にスピン（電子の固有角運動量）を導入するために考えられたものである[4]．

---

[3] 上つきの指標を使って $x^1 = x, x^2 = y, x^3 = z$ を表している．プライムのついた量も同様である．

[4] この Pauli 行列の求め方を述べた文献を付録 7.1 で紹介する．

103

第7章 空間回転と SU(2)

上に与えた Pauli 行列の表現を用いると

$$x^1\sigma_1 + x^2\sigma_2 + x^3\sigma_3 = x^1\begin{bmatrix} 0 & 1 \\ 1 & 0 \end{bmatrix} + x^2\begin{bmatrix} 0 & -i \\ i & 0 \end{bmatrix} + x^3\begin{bmatrix} 1 & 0 \\ 0 & -1 \end{bmatrix}$$

$$= \begin{bmatrix} x^3 & x^1 - ix^2 \\ x^1 + ix^2 & -x^3 \end{bmatrix} \tag{7.2.3}$$

となる[5]。

SO(3) のときに

$$\begin{bmatrix} x^1 \\ x^2 \\ x^3 \end{bmatrix} \text{ と } \begin{bmatrix} x'^1 \\ x'^2 \\ x'^3 \end{bmatrix}$$

とを 3 行 3 列の行列で関係づけたが，SU(2) では

$$P = \begin{bmatrix} x^3 & x^1 - ix^2 \\ x^1 + ix^2 & -x^3 \end{bmatrix} \tag{7.2.4}$$

と

$$P' = \begin{bmatrix} x'^3 & x'^1 - ix'^2 \\ x'^1 + ix'^2 & -x'^3 \end{bmatrix} \tag{7.2.5}$$

との関係をつける変換の 2 行 2 列のユニタリー行列 Q を考える．

すなわち，P と P' とはユニタリー行列 Q で

$$P' = QPQ^\dagger \tag{7.2.6}$$

と関係付けられる．

このユニタリー変換 (7.2.6) はここでは天下りだが，すぐ後で四元数の回転の表現から導く．

---

[5]なぜ (7.1.1) の代わりに (7.2.2) をとるのか．それは 2 行 2 列の任意の行列を単位行列 1 と Pauli 行列 $\sigma_1, \sigma_2, \sigma_3$ の 1 次結合として表すことができるからである．立ち入った説明は付録 7.2 で述べる．

7.2. SU(2) の表現

ユニタリー行列 Q とはそのエルミート共役行列 $Q^\dagger$ が逆行列 Q^{-1} となる行列のことである．すなわち，

$$Q^\dagger = Q^{-1}$$

この行列がユニタリーであるという条件を用いれば，Q は一般に

$$Q = \begin{bmatrix} a & b \\ -\bar{b} & \bar{a} \end{bmatrix}, \quad \text{ここで} \quad |a|^2 + |b|^2 = 1 \qquad (7.2.7)$$

と表される (付録 7.3 参照)．ここで $\bar{a}$ は a の共役複素数である．$\bar{b}$ も同様である．

このとき

$$P' = QPQ^\dagger = \begin{bmatrix} a & b \\ -\bar{b} & \bar{a} \end{bmatrix} \begin{bmatrix} x^3 & x^1 - ix^2 \\ x^1 + ix^2 & -x^3 \end{bmatrix} \begin{bmatrix} \bar{a} & -b \\ \bar{b} & a \end{bmatrix} \qquad (7.2.8)$$

となる．

いま (7.2.8) をあまりはっきり理由を述べないで示したが，これを四元数の空間回転の表現

$$u = qv\bar{q} \qquad (7.2.9)$$

から導いてみよう．

第 6 章では

$$v = x^1 i + x^2 j + x^3 k \qquad (7.2.10)$$

と表したが [6]，このとき i, j, k と Pauli の行列との対応を

$$i \to -i\sigma_1, \quad j \to -i\sigma_2, \quad k \to -i\sigma_3 \qquad (7.2.11)$$

ととれば

$$ij = -ji = k, \quad jk = -kj = i, \quad ki = -ik = j \qquad (7.2.12)$$

---

[6] 第 6 章では実は下付きの添字で $x = x_1, y = x_2, z = x_3$ と表されている．

第 7 章　空間回転と SU(2)

が成り立つ (補注 12.3 を参照)[7]．

(7.2.11) の置き換えをすると

$$u \to (-i)P', \quad q \to Q, \quad v \to (-i)P, \quad \bar{q} \to Q^\dagger$$

となるから，

$$u = qv\bar{q} \to (-i)P' = Q(-i)PQ^\dagger$$

と置き換えられる．

ではつぎに個々の因子がどのように行列を用いて表されるか見てみよう．まず $(-i)P$ は

$$(-i)P = (-i)(x^1\sigma_1 + x^2\sigma_2 + x^3\sigma_3) = -i\begin{bmatrix} x^3 & x^1 - ix^2 \\ x^1 + ix^2 & -x^3 \end{bmatrix}$$

となる[8]．

同様に $(-i)P'$ は

$$(-i)P' = -i(x'^1\sigma_1 + x'^2\sigma_2 + x'^3\sigma_3) = -i\begin{bmatrix} x'^3 & x'^1 - ix'^2 \\ x'^1 + ix'^2 & -x'^3 \end{bmatrix}$$

となる．

つづいて，$q = q^0 + q^1 i + q^2 j + q^3 k$ は

$$Q = q^0 - i(q^1\sigma_1 + q^2\sigma_2 + q^3\sigma_3) = \begin{bmatrix} q^0 - iq^3 & -i(q^1 - iq^2) \\ -i(q^1 + iq^2) & q^0 + iq^3 \end{bmatrix}$$

となる．また $\bar{q} = q^0 - (q^1 i + q^2 j + q^3 k)$ は

$$Q^\dagger = q^0 + i(q^1\sigma_1 + q^2\sigma_2 + q^3\sigma_3) = \begin{bmatrix} q^0 + iq^3 & i(q^1 - iq^2) \\ i(q^1 + iq^2) & q^0 - iq^3 \end{bmatrix}$$

---

[7] (7.2.12) を成り立たせる i, j, k と $\sigma_1, \sigma_2, \sigma_3$ の対応は (7.2.11) だけではない．それについては付録 7.4 で述べる．このことを指摘して頂いた大槻俊明氏に感謝する．

[8] この行列はトレース=0 で，エルミートである．この 2 つの性質はユニタリー変換で不変である．トレースとエルミートの定義は付録 7.5 で述べる．

7.2. SU(2) の表現

となる.

したがって,

$$qv\bar{q} \to (-i)P' = Q(-iP)Q^\dagger$$

と変換された式の両辺に因子 i をかけて, $P' = QPQ^\dagger$ に変換されるといってもよい. 今後 $P' = QPQ^\dagger$ を取り扱う.

$$P' = QPQ^\dagger \tag{7.2.13}$$

$$= \begin{bmatrix} q^0 - iq^3 & -i(q^1 - iq^2) \\ -i(q^1 + iq^2) & q^0 + iq^3 \end{bmatrix} \begin{bmatrix} x^3 & x^1 - ix^2 \\ x^1 + ix^2 & -x^3 \end{bmatrix}$$

$$\times \begin{bmatrix} q^0 + iq^3 & i(q^1 - iq^2) \\ i(q^1 + iq^2) & q^0 - iq^3 \end{bmatrix} \tag{7.2.14}$$

となる.

さて行列 Q の要素 a, b, c, d を q^0, q^1, q^2, q^3 で表しておこう.

$$Q = \begin{bmatrix} a & b \\ -\bar{b} & \bar{a} \end{bmatrix} = \begin{bmatrix} q^0 - iq^3 & -i(q^1 - iq^2) \\ -i(q^1 + iq^2) & q^0 + iq^3 \end{bmatrix} \tag{7.2.15}$$

であるから, $a = q^0 - iq^3$ であるから, $\bar{a} = q^0 + iq^3$ であり, $b = -i(q^1 - iq^2)$ であるから, $\bar{b} = i(q^1 + iq^2)$ である. したがって

$$Q^\dagger = \begin{bmatrix} \bar{a} & -b \\ \bar{b} & a \end{bmatrix} = \begin{bmatrix} q^0 + iq^3 & i(q^1 - iq^2) \\ i(q^1 + iq^2) & q^0 - iq^3 \end{bmatrix} \tag{7.2.16}$$

となる.

したがって $qv\bar{q}$ から $P' = QPQ^\dagger$, すなわち (7.2.9) から (7.2.8) が導かれる. Q がユニタリー行列, すなわち $QQ^\dagger = 1$ を満たすことはいうまでもない.

形式的には上の説明でいいのだが, 実際に (7.2.14) の行列の演算を行って, それが SO(3) の表現と一致することを次節で確かめよう.

107

第 7 章　空間回転と SU(2)

7.3　SO(3) との同等性

では (7.2.14) の演算にとりかかろう．その前に (7.2.14) は計算が面倒なので，記号をいくつか導入しておこう．

$$x_- = x^1 - ix^2$$
$$x_+ = x^1 + ix^2$$
$$q_- = q^1 - iq^2$$
$$q_+ = q^1 + iq^2$$

と略記する．これらの記号を用いて $P' = QPQ^\dagger$ を計算する．すなわち

$$\begin{bmatrix} x'^3 & x'_- \\ x'_+ & -x'^3 \end{bmatrix} = \begin{bmatrix} q^0 - iq^3 & -iq_- \\ -iq_+ & q^0 + iq^3 \end{bmatrix} \begin{bmatrix} x^3 & x_- \\ x_+ & -x^3 \end{bmatrix}$$
$$\times \begin{bmatrix} q^0 + iq^3 & iq_- \\ iq_+ & q^0 - iq^3 \end{bmatrix} \quad (7.3.1)$$

この計算を一度にするのは大変なので，まず

$$\begin{bmatrix} x^3 & x_- \\ x_+ & -x^3 \end{bmatrix} \begin{bmatrix} q^0 + iq^3 & iq_- \\ iq_+ & q^0 - iq^3 \end{bmatrix} = \begin{bmatrix} A & B \\ C & D \end{bmatrix}$$

と表すことにしよう．ここで，

$$A = x^3(q^0 + iq^3) + ix_- q_+$$
$$B = ix^3 q_- + x_-(q^0 - iq^3)$$
$$C = x_+(q^0 + iq^3) - ix^3 q_+$$
$$D = ix_+ q_- - x^3(q^0 - iq^3)$$

である．

7.3. SO(3) との同等性

したがって

$$\begin{bmatrix} x'^3 & x'_- \\ x'_+ & -x'^3 \end{bmatrix} = \begin{bmatrix} q^0 - iq^3 & -iq_- \\ -iq_+ & q^0 + iq^3 \end{bmatrix} \begin{bmatrix} A & B \\ C & D \end{bmatrix}$$
$$= \begin{bmatrix} (q^0 - iq^3)A - iq_- C & (q^0 - iq^3)B - iq_- D \\ -iq_+ A + (q^0 + iq^3)C & -iq_+ B + (q^0 + iq^3)D \end{bmatrix}$$

となる.

まず,簡単に求められる x'^3 は

$$\begin{align} x'^3 &= (q^0 - iq^3)A - iq_- C \\ &= G_3 x^3 + G_- x_- - G_+ x_+ \\ &= G_1 x^1 + G_2 x^2 + G_3 x^3 \end{align} \tag{7.3.2}$$

である.ここで

$$G_3 = (q^0)^2 + (q^3)^2 - (q^1)^2 - (q^2)^2$$
$$G_- = i(q^0 - iq^3)q_+$$
$$G_+ = iq_-(q^0 + iq^3)$$

ところで

$$G_- x_- - G_+ x_+ = G_1 x_1 + G_2 x_2 \tag{7.3.3}$$

であるから,

$$G_1 = G_- - G_+ = 2(q^1 q^3 - q^0 q^2)$$
$$G_2 = -i(G_+ + G_-) = 2(q^0 q^1 + q^2 q^3)$$
$$G_3 = (q^0)^2 + (q^3)^2 - (q^1)^2 - (q^2)^2$$

である.

109

第7章 空間回転と SU(2)

つぎに

$$\begin{aligned}x'^1 - ix'^2 &= (q^0 - iq^3)B - iq_- D \\ &= R_3 x^3 + R_- x_- + R_+ x_+ \end{aligned} \quad (7.3.4)$$

である．ここで

$$\begin{aligned} R_3 &= 2iq_-(q^0 - iq^3) \\ R_- &= (q^0 - iq^3)^2 \\ R_+ &= (q_-)^2 \end{aligned}$$

である．また

$$\begin{aligned} x'^1 + ix'^2 &= -iq_+ A + (q^0 + iq^3)C \\ &= S_3 x^3 + S_- x_- + S_+ x_+ \end{aligned} \quad (7.3.5)$$

である．ここで

$$\begin{aligned} S_3 &= -2iq_+(q^0 + iq^3) \\ S_- &= (q_+)^2 \\ S_+ &= (q^0 + iq^3)^2 \end{aligned}$$

である．
(7.3.2)-(7.3.5) から

$$x'^1 = E_1 x^1 + E_2 x^2 + E_3 x^3 \quad (7.3.6)$$
$$x'^2 = F_1 x^1 + F_2 x^2 + F_3 x^3 \quad (7.3.7)$$
$$x'^3 = G_1 x^1 + G_2 x^2 + G_3 x^3 \quad (7.3.8)$$

7.3. SO(3) との同等性

と表すことにしよう．ここで

$$E_1 = \frac{1}{2}(R_+ + R_- + S_+ + S_-) = (q^0)^2 + (q^1)^2 - (q^2)^2 - (q^3)^2$$

$$E_2 = \frac{i}{2}(R_+ + S_+ - R_- - S_-) = 2(q^1 q^2 - q^0 q^3)$$

$$E_3 = \frac{1}{2}(R_3 + S_3) = 2(q^0 q^2 + q^1 q^3)$$

$$F_1 = \frac{1}{2i}(S_+ + S_- - R_+ - R_-) = 2(q^0 q^3 + q^1 q^2)$$

$$F_2 = \frac{1}{2}(S_+ + R_- - R_+ - S_-) = (q^0)^2 + (q^2)^2 - (q^1)^2 - (q^3)^2$$

$$F_3 = \frac{1}{2i}(S_3 - R_3) = 2(q^2 q^3 - q^0 q^1)$$

$$G_1 = G_- - G_+ = 2(q^1 q^3 - q^0 q^2)$$

$$G_2 = -i(G_+ + G_-) = 2(q^0 q^1 + q^2 q^3)$$

$$G_3 = (q^0)^2 + (q^3)^2 - (q^1)^2 - (q^2)^2$$

である．これらの $E_1, E_2, \cdots, G_2, G_3$ に

$$q^0 = \cos\frac{\theta}{2}$$
$$q^1 = n_1 \sin\frac{\theta}{2}$$
$$q^2 = n_2 \sin\frac{\theta}{2}$$
$$q^3 = n_3 \sin\frac{\theta}{2}$$

第 7 章　空間回転と SU(2)

を代入すれば

$$E_1 = \cos\theta + n_1^2(1 - \cos\theta) \qquad (7.3.9)$$
$$E_2 = n_1 n_2(1 - \cos\theta) - n_3 \sin\theta \qquad (7.3.10)$$
$$E_3 = n_1 n_3(1 - \cos\theta) + n_2 \sin\theta \qquad (7.3.11)$$
$$F_1 = n_1 n_2(1 - \cos\theta) + n_3 \sin\theta \qquad (7.3.12)$$
$$F_2 = n_2^2(1 - \cos\theta) + \cos\theta \qquad (7.3.13)$$
$$F_3 = n_2 n_3(1 - \cos\theta) - n_1 \sin\theta \qquad (7.3.14)$$
$$G_1 = n_1 n_3(1 - \cos\theta) - n_2 \sin\theta \qquad (7.3.15)$$
$$G_2 = n_2 n_3(1 - \cos\theta) + n_1 \sin\theta \qquad (7.3.16)$$
$$G_3 = n_3^2(1 - \cos\theta) + \cos\theta \qquad (7.3.17)$$

　これで，得られた x'^1, x'^2, x'^3 の係数を第 6 章 p.109 に与えられた $E_1, E_2, \cdots, G_2, G_3$ と比べてみれば，すべてそこに与えられた式と一致することがわかる．

　したがって，SU(2) の表現と SO(3) の表現とが一致していることが示された．

7.4　おわりに

　この章では四元数の空間回転から，行列による空間回転の SU(2) 表現を導き，かつそれが行列のよく知られた SO(3) 表現と一致をすることを述べた．

　つぎの章では空間回転のベクトル表現を導き，これが行列の SO(3) 表現と同等であることを示すことにしたい．

7.5 付録 7

7.5.1 付録 7.1　Pauli 行列の求め方

Pauli 行列はとても有名なものであり，いまさらその形が (7.2.1) のように求められることを示す必要もないだろう．その求め方を示した文献だけを挙げておきたい．

求め方として一番簡単なのは文献 [3] であろう．また同じくらい簡単な求め方が [4] にある．それよりは少し複雑だが，やはり求め方の説明は [5] にもある．

もちろん大多数の量子力学の書は角運動量の一般的な行列の式の求め方の説明があり，その特殊な場合として Pauli 行列が与えられている．

7.5.2 付録 7.2　(7.2.3) の行列の由来

(7.2.2) または (7.2.3) はきわめて形式的に導出されたので，その由来をみておく．

一般的な 2 行 2 列の行列は

$$\begin{bmatrix} a & b \\ c & d \end{bmatrix}$$

と表せる．ここで a, b, c, d は任意の複素数とする．

このときこの 4 つの行列要素の 1 つのみがゼロではない，1 次独立な 4 つの行列

$$\begin{bmatrix} 1 & 0 \\ 0 & 0 \end{bmatrix}, \begin{bmatrix} 0 & 1 \\ 0 & 0 \end{bmatrix}, \begin{bmatrix} 0 & 0 \\ 1 & 0 \end{bmatrix}, \begin{bmatrix} 0 & 0 \\ 0 & 1 \end{bmatrix}$$

第7章　空間回転とSU(2)

を用いれば,

$$\begin{bmatrix} a & b \\ c & d \end{bmatrix} = a\begin{bmatrix} 1 & 0 \\ 0 & 0 \end{bmatrix} + b\begin{bmatrix} 0 & 1 \\ 0 & 0 \end{bmatrix} + c\begin{bmatrix} 0 & 0 \\ 1 & 0 \end{bmatrix} + d\begin{bmatrix} 0 & 0 \\ 0 & 1 \end{bmatrix}$$

と表すことができる.

ところで,これらの4つの行列はPauli行列 $\sigma_1, \sigma_2, \sigma_3$ に単位行列1を加えた4つの行列で

$$\begin{bmatrix} 1 & 0 \\ 0 & 0 \end{bmatrix} = \frac{1}{2}[1 - i(i\sigma_3)], \quad \begin{bmatrix} 0 & 0 \\ 0 & 1 \end{bmatrix} = \frac{1}{2}[1 + i(i\sigma_3)],$$

$$\begin{bmatrix} 0 & 1 \\ 0 & 0 \end{bmatrix} = \frac{1}{2}(\sigma_1 + i\sigma_2) = \sigma_+, \quad \begin{bmatrix} 0 & 0 \\ 1 & 0 \end{bmatrix} = \frac{1}{2}(\sigma_1 - i\sigma_2) = \sigma_-$$

と表すことができる. ここで σ_+, σ_- は電子のスピンの第3成分 σ_3 の固有値を1だけ上げたり,下げたりする演算子で昇降演算子といわれている[9].

単位行列1に対してPauli行列にいつも因子 i をかけることにすれば,

$$1, \quad i\sigma_1, \quad i\sigma_2, \quad i\sigma_3$$

となり,これらで2行2列の複素行列を表せば,つぎの2行2列の任意な行列

$$\begin{bmatrix} a & b \\ c & d \end{bmatrix} = \begin{bmatrix} x^0 + ix^3 & ix^1 + x^2 \\ ix^1 - x^2 & x^0 - ix^3 \end{bmatrix}$$

$$= x^0 \begin{bmatrix} 1 & 0 \\ 0 & 1 \end{bmatrix} + i\begin{bmatrix} x^3 & x^1 - ix^2 \\ x^1 + ix^2 & -x^3 \end{bmatrix} \quad (7.5.1)$$

が得られるが,右辺の第2項の因子 i を除いた部分が (7.2.3) に与えた2行2列の行列であり,(7.2.3) の第2行,第2列の要素 x^3 の前の負号はこのようにして現れている.

---

[9] 電子のスピンは 1/2 で 1 ではないから,正しくは電子のスピン演算子は $\mathbf{s} = \frac{\hbar}{2}\sigma$ である.

7.5.3 付録 7.3 2 行 2 列のユニタリー行列

ユニタリ行列 Q が (7.2.7) のように表されることは

$$Q = \begin{bmatrix} a & b \\ c & d \end{bmatrix}$$

とおいて Q がユニタリーである条件 $QQ^\dagger = 1$ と $\det Q = 1$ という条件

$$\det Q = ad - bc = 1$$

を使えば，簡単に導くことができる．

参考文献を上げる必要もないであろうが，あえて一つだけあげれば，[6] がある．この書は現在第 3 版となっているが，むしろ参考文献として挙げた第 2 版の方がこの点に関しては詳しい．

7.5.4 付録 7.4 i, j, k と $\sigma_1, \sigma_2, \sigma_3$ の対応

本文でも示したように (7.2.11) に示された対応は確かに (7.2.12) の関係を満たす．四元数の元 i, j, k と Pauli 行列との 1 つの対応である．しかし，(7.2.11) だけが唯一の対応のさせ方ではなく，別の対応のさせ方もある．

いま四元数の i, j, k と Pauli 行列 $\sigma_1, \sigma_2, \sigma_3$ とを

$$i \to a\sigma_1, \quad j \to b\sigma_2, \quad k \to c\sigma_3$$

と対応させ，

$$ij = -ji = k, \quad jk = -kj = i, \quad ki = -ik = j \quad (7.2.12)$$

が成り立つような定数 a, b, c を探してみよう．

第 7 章　空間回転と SU(2)

すなわち,
$$\begin{aligned}ij &= (a\sigma_1)(b\sigma_2) \\ &= ab\sqrt{-1}\sigma_3 \\ &= \frac{\sqrt{-1}ab}{c}(c\sigma_3) \\ &= \frac{\sqrt{-1}ab}{c}k \\ &= k\end{aligned}$$

となるように $\frac{\sqrt{-1}ab}{c}$ を決めることを考えよう [10]. そのためには

$$\frac{\sqrt{-1}ab}{c} = 1$$

でなければならないから [11],

$$c = iab \tag{7.5.2}$$

が得られる.

同様に $jk = i$ から

$$a = ibc \tag{7.5.3}$$

が得られ，また $ki = j$ から

$$b = iac \tag{7.5.4}$$

が得られる.

---

[10] 虚数単位 i と四元数の元 i との混同を避けるためにわざと複素数の虚数単位 i を $\sqrt{-1}$ と書いた.
[11] 以下では再び $\sqrt{-1} = i$ と表す.

116

7.5. 付録 7

この 3 つの a,b,c についての 3 元連立方程式 (7.5.2)-(7.5.3) を解けば，つぎの 4 つの解が得られる．

$$a = i, \qquad b = -i, \qquad c = i \qquad (7.5.5)$$
$$a = i, \qquad b = i, \qquad c = -i \qquad (7.5.6)$$
$$a = -i, \qquad b = -i, \qquad c = -i \qquad (7.5.7)$$
$$a = -i, \qquad b = i, \qquad c = i \qquad (7.5.8)$$

解 (7.5.5) はどこにも採用されているのをまだ見たことがないが，解 (7.5.6) は [7] でとられた値である．つぎに解 (7.5.7) は [8] で採用されている．最後の解 (7.5.8) は [9] で採用されたものと同一であろうと思われる．

四元数の i,j,k と Pauli 行列 $\sigma_1,\sigma_2,\sigma_3$ との対応をこの順序から入れ替えたものを考えてみよう．一例として

$$i \to a\sigma_3, \quad j \to b\sigma_2, \quad k \to c\sigma_1$$

と対応させると，上に行ったと同様な手続きから，今度は

$$c = -iab \qquad (7.5.9)$$
$$a = -ibc \qquad (7.5.10)$$
$$b = -iac \qquad (7.5.11)$$

が得られる．

この a,b,c に関する，3 つの連立方程式 (7.5.9)-(7.5.11) を解けば，4 つの解

$$a = i, \qquad b = i, \qquad c = i \qquad (7.5.12)$$
$$a = i, \qquad b = -i, \qquad c = -i \qquad (7.5.13)$$
$$a = -i, \qquad b = -i, \qquad c = i \qquad (7.5.14)$$
$$a = -i, \qquad b = i, \qquad c = -i \qquad (7.5.15)$$

が得られる．この中で解 (7.5.12) は [10] で採用されている．

ここでは文献 [8] において採られた対応 (7.2.11) を用いた．この対応で，この Pauli 行列の前の負号 − が対応を複雑にしていると思われたが，負号 − のついている理由がこれでわかった．

7.5.5　付録 7.5　トレースとエルミート

トレースとは行列 A の対角要素の和である．n 行 n 列の行列なら，その対角要素は $a_{11}, a_{22}, \cdots, a_{nn}$ と n 個あるが，

$$\mathrm{Tr} A = a_{11} + a_{22} + \cdots + a_{nn}$$

と表される．

行列 A の各要素の共役複素数をとり，その行列の各行を各列に転置した行列をエルミート共役行列 $A^\dagger$ という．

エルミート共役行列 $A^\dagger$ がエルミート共役をとる前の，元の行列 A と等しいとき，すなわち

$$A^\dagger = A$$

のとき，その行列 A はエルミートであるという．

7.6　参考文献 7

[1] 山内恭彦，杉浦光夫,『連続群論入門』(培風館，1960) 30
[2] 金谷一朗,『ベクトル・複素数・クォータニオン』(2003) 45-51, www.nishilab.sys.es.osaka-u.ac.jp
[3] 朝永振一郎,『角運動量とスピン』(みすず書房，1989) 33-43
[4] E. Merzbacher, *Quantum Mechanics* (John Wiley and Sons,

1961) 251-275
- [5] マージナウ・マーフィ（佐藤次彦，国宗　真訳）『物理学と化学のための数学 II』（共立出版，1961) 440-450, 621-626
- [6] ゴールドスタイン（瀬川，矢野，江沢訳），『古典力学』（第 2 版）上（吉岡書店，1983) 193-196
- [7] 『理化学辞典』　第 5 版（岩波書店，1998) 580
- [8] E. Cartan, *The Theory of Spinors* (Dover, 1981) 44-45
- [9] E. P. Wigner, *Group Theory* (Academic Press, 1959) 157-161
- [10] 志村五郎,『数学をいかに使うか』（ちくま学芸文庫，2010) 55

第 8 章　ベクトルの空間回転

8.1　はじめに

ベクトルなどの空間回転を取り扱う方法として

1. ベクトルによる表現

2. 行列による表現

3. 四元数による表現

4. 鏡映変換による表現

による表現等があるとこれまで何回も述べてきた．そして，表現 2, 3, 4 については第 4 章から第 7 章ですでに述べた．

　ところがベクトルによる表現 1 については，これがもっともよく知られた空間回転の表現であるにもかかわらず，今までまったく触れなかった．これは著者にとって目新しい表現を先に調べてみたかったためであり，それ以外には特に理由がない．

　しかし，やはり空間回転のベクトルによる表現について述べておくこと，またそれが空間回転の行列表現と同一であることを確認することは欠かすことができない．

まず，第 8.2 節で空間回転のベクトルによる表現である Rodrigues の回転公式[1]を求め，第 8.3 節でそれが以前に求めた行列表現に一致することを見ることにしよう [2].

空間回転を表現する方法といえば，直接には四元数との関係がない，Euler 角での空間回転の表現についても述べたいが，これはつぎの章で述べることにする．

8.2　ベクトルの空間回転

ある回転軸のまわりの有限な角のベクトルの回転については多くの文献で述べられている．それらの説明はどれも難しくはないが，ここでは [3] にしたがって説明をしよう．図 8.1 でベクトル $\mathbf{r}$ の回転前の位置を $\overrightarrow{OP}$ とし，回転後のベクトル $\mathbf{r}'$ の位置を $\overrightarrow{OQ}$ としよう．

回転軸の方向は単位ベクトル $\mathbf{n}$ で表される．図 8.1 で O と N の間の距離 $\overline{ON}$ はベクトル $\mathbf{r}$ の $\mathbf{n}$ への正射影に等しいから

$$\overline{ON} = \mathbf{n} \cdot \mathbf{r} \tag{8.2.1}$$

である．またベクトル $\overrightarrow{ON}$ は

$$\overrightarrow{ON} = \mathbf{n}(\mathbf{n} \cdot \mathbf{r}) \tag{8.2.2}$$

と表される．

図 8.2 は回転軸に垂直な面内のベクトルを描いたものである．図 8.1 から

$$\mathbf{r} = \overrightarrow{ON} + \overrightarrow{NP} \tag{8.2.3}$$

---

[1] これを Altmann は conical transformation（円錐変換）と呼んでいる [1]. これは 8.2 節で示す図 8.1 からわかるように回転軸 $\mathbf{n}$ のまわりの円錐上をいつもベクトルが動くからである．

第 8 章　ベクトルの空間回転

であるから
$$\overrightarrow{\mathrm{NP}} = \mathbf{r} - \mathbf{n}(\mathbf{n} \cdot \mathbf{r}) \tag{8.2.4}$$
となる．ベクトル $\mathbf{r}'$ はベクトル $\mathbf{r}$ を回転軸 $\mathbf{n}$ のまわりに回転角 ϕ だけ回転したものであるから，ベクトル $\mathbf{r}'$ の大きさはベクトル $\mathbf{r}$ の大きさと同じである．すなわち，

$$|\mathbf{r}'| = |\mathbf{r}|$$

したがって
$$\overline{\mathrm{NP}} = \overline{\mathrm{NQ}} = \overline{\mathrm{NR}}$$
である[2]．ここで，図 8.2 に記してあるように $\overrightarrow{\mathrm{NR}}$ は $\overrightarrow{\mathrm{NP}}$ に垂直

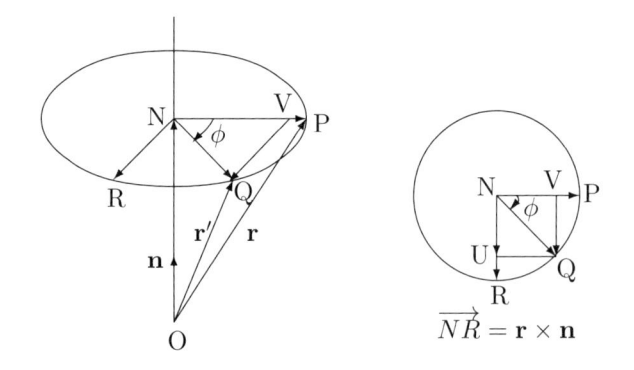

図 8.1: ベクトルの回転の全体図　図 8.2: 回転軸に垂直な面

8.2. ベクトルの空間回転

であり，すなわち，$\overrightarrow{NR} = \mathbf{r} \times \mathbf{n}$ である．

つぎに $\mathbf{r}'$ と $\mathbf{r}$ との関係を求めよう．図 8.1 で

$$\mathbf{r}' = \overrightarrow{ON} + \overrightarrow{NV} + \overrightarrow{VQ} \tag{8.2.5}$$

であるから，$\overrightarrow{NV}$ と $\overrightarrow{VQ}$ とを $\mathbf{r}, \mathbf{n}, \phi$ で表すことができればよい．

図 8.2 から

$$\overrightarrow{NV} = [\mathbf{r} - \mathbf{n}(\mathbf{n} \cdot \mathbf{r})] \cos\phi \tag{8.2.6}$$

また

$$\overrightarrow{VQ} = \overrightarrow{NU} = (\mathbf{r} \times \mathbf{n}) \sin\phi \tag{8.2.7}$$

であることがわかる．

(8.2.2),(8.2.6),(8.2.7) を (8.2.5) へ代入すれば，

$$\mathbf{r}' = \mathbf{n}(\mathbf{n} \cdot \mathbf{r}) + [\mathbf{r} - \mathbf{n}(\mathbf{n} \cdot \mathbf{r})] \cos\phi + (\mathbf{r} \times \mathbf{n}) \sin\phi$$

が得られる．これを整理すれば

$$\mathbf{r}' = \mathbf{r} \cos\phi + \mathbf{n}(\mathbf{n} \cdot \mathbf{r})(1 - \cos\phi) + (\mathbf{r} \times \mathbf{n}) \sin\phi \tag{8.2.8}$$

となる．これがベクトルの回転の公式である[3]．

多くの文献の回転公式では回転角は反時計方向を正とするが，ここでは時計方向を正にとった．それらの文献と一致させるには ϕ を $-\phi$ と置き換えることによって生じた，$-$ を取り入れて $-\mathbf{r} \times \mathbf{n} = \mathbf{n} \times \mathbf{r}$ とすればよい．

この式を行列で表せば SO(3) と同じ式が得られることを次節で示すことにしよう．

---

[2]図 8.1 から $\overrightarrow{NP}$ を時計まわりに角度 ϕ 回転させて $\overrightarrow{NQ}$ が得られ，また $\pi/2$ 回転させて，$\overrightarrow{NR}$ が得られている．また，$\overrightarrow{NR}$ の方向は $\mathbf{r} \times \mathbf{n}$ の方向と一致している．それで $\overrightarrow{NP} = \overrightarrow{NR}$ であることは自明であろう．しかし，参考のためにその代数的証明を付録 8 に述べる．

[3]この公式は文献によっていろいろな名がついている．Altman [1][4] によれば，これは conical transformation（円錐変換）という名で呼ばれているし，Wikipedia [2] では Rodrigues の回転公式と名付けられている．

123

8.3　行列による表示

前節で求めた Rodrigues の回転公式 (8.2.8) を前節末で述べた処方で書き換えると

$$\mathbf{r}' = \mathbf{r}\cos\phi + \mathbf{n}(\mathbf{n}\cdot\mathbf{r})(1-\cos\phi) + (\mathbf{n}\times\mathbf{r})\sin\phi \tag{8.3.1}$$

であった．この (8.3.1) が普通の Rodrigues の回転公式の表示である．この式では反時計方向を正の角ととっているから，その規約にしたがえば，図 8.1 と 8.2 に図示された角 ϕ は $-\phi$ と表されることに注意をしよう．

さて，(8.3.1) を行列表示にするには $\mathbf{r} = (x, y, z)$, $\mathbf{r}' = (x', y', z')$, $\mathbf{n} = (n_x, n_y, n_z)$ と各ベクトルを成分で表し，それを行列で書き表せばよい．

このままの表示でもいいのだが，ベクトルの成分を数字を添字とした文字で $(x, y, z) = (x_1, x_2, x_3)$, $(x', y', z') = (x'_1, x'_2, x'_3)$ および $(n_x, n_y, n_z) = (n_1, n_2, n_3)$ と表すことにしよう．

このとき，(8.3.1) の中に出てくるベクトル $\mathbf{n}$ と $\mathbf{r}$ のスカラー積とベクトル積は

$$\mathbf{n}\cdot\mathbf{r} = n_1 x_1 + n_2 x_2 + n_3 x_3 \tag{8.3.2}$$

$$\mathbf{n}\times\mathbf{r} = (B_1, B_2, B_3) \tag{8.3.3}$$

と表される．ここで

$$B_1 = n_2 x_3 - n_3 x_2,$$
$$B_2 = n_3 x_1 - n_1 x_3,$$
$$B_3 = n_1 x_2 - n_2 x_1$$

である．

式の表示が少し複雑なので，$\cos\phi = c, \sin\phi = s, 1-\cos\phi = A$ と略記し，かつ上に記した $\mathbf{n}\cdot\mathbf{r} = n_1 x_1 + n_2 x_2 + n_3 x_3$ であるが，そのままに使えば (8.3.1) は

$$\begin{pmatrix} x_1' \\ x_2' \\ x_3' \end{pmatrix} = c \begin{pmatrix} x_1 \\ x_2 \\ x_3 \end{pmatrix} + A\mathbf{n}\cdot\mathbf{r} \begin{pmatrix} n_1 \\ n_2 \\ n_3 \end{pmatrix} + s \begin{pmatrix} B_1 \\ B_2 \\ B_3 \end{pmatrix}$$

となる．したがって

$$\begin{pmatrix} x_1' \\ x_2' \\ x_3' \end{pmatrix} = \begin{pmatrix} cx_1 + An_1\mathbf{n}\cdot\mathbf{r} + s(n_2 x_3 - n_3 x_2) \\ cx_2 + An_2\mathbf{n}\cdot\mathbf{r} + s(n_3 x_1 - n_1 x_3) \\ cx_3 + An_3\mathbf{n}\cdot\mathbf{r} + s(n_1 x_2 - n_2 x_1) \end{pmatrix}$$

である．これをちょっと書き直す．

$$\begin{pmatrix} x_1' \\ x_2' \\ x_3' \end{pmatrix} = \begin{pmatrix} c + An_1^2 & An_1 n_2 - sn_3 & An_1 n_3 + sn_2 \\ An_1 n_2 + sn_3 & c + An_2^2 & An_2 n_3 - sn_1 \\ An_1 n_3 - sn_2 & An_2 n_3 + sn_1 & c + An_3^2 \end{pmatrix} \begin{pmatrix} x_1 \\ x_2 \\ x_3 \end{pmatrix}$$
(8.3.4)

ここで $c = \cos\phi, s = \sin\phi, A = 1-\cos\phi$ であることを思い出しておこう．これは第 6 章の (6.5.8) と一致している．

8.4　おわりに

第 4 章から第 8 章において，四元数による回転の表現やベクトルなどの空間回転についてほとんどのことを述べてきたが，それでもまだ Euler 角による空間回転の表現については触れることができていない．

だんだん四元数から離れることになるが，つぎの章ではそれについて述べることにしたい．

8.5　付録8　$\overline{\mathrm{NP}} = \overline{\mathrm{NR}}$ の証明

まず $\overline{\mathrm{NP}} = |\mathbf{r} - \mathbf{n}(\mathbf{n}\cdot\mathbf{r})|$ であるから，いま図 8.1 で $\angle \mathrm{NOP} = \theta$ とおけば

$$\begin{aligned}\overline{\mathrm{NP}}^2 &= [\mathbf{r} - \mathbf{n}(\mathbf{n}\cdot\mathbf{r})] \cdot [\mathbf{r} - \mathbf{n}(\mathbf{n}\cdot\mathbf{r})] \\ &= r^2 - (\mathbf{n}\cdot\mathbf{r})^2 \\ &= r^2 \sin^2\theta\end{aligned}$$

$\overline{\mathrm{NP}} > 0$ であるから

$$\overline{\mathrm{NP}} = r\sin\theta \tag{8.5.1}$$

である．
　また

$$\overline{\mathrm{NR}} = |\mathbf{r}\times\mathbf{n}| = r\sin\theta \tag{8.5.2}$$

ただし，ここで　$n = 1$ であることを用いた．
　したがって，確かに

$$\overline{\mathrm{NP}} = \overline{\mathrm{NR}} \tag{8.5.3}$$

であることが証明された．
　また，$\overrightarrow{\mathrm{NP}}$ と $\overrightarrow{\mathrm{NR}}$ とが互いに直交することは

$$\begin{aligned}\overrightarrow{\mathrm{NP}}\cdot\overrightarrow{\mathrm{NR}} &= [\mathbf{r} - \mathbf{n}(\mathbf{n}\cdot\mathbf{r})]\cdot(\mathbf{r}\times\mathbf{n}) \\ &= \mathbf{r}\cdot(\mathbf{r}\times\mathbf{n}) - (\mathbf{n}\cdot\mathbf{r})\mathbf{n}\cdot(\mathbf{r}\times\mathbf{n}) \\ &= 0\end{aligned}$$

であることからわかる．

8.6 参考文献 8

[1] S. L. Altmann, *Rotations, Quaternions, and Double Groups* (Dover, 2005) 75

[2] http://en.wikipedia.org/wiki/Rodrigues'_rotation_formula

[3] Goldstein, Poole, Safko（矢野，江沢, 渕崎　訳），『古典力学』（第 3 版）上（吉岡書店，2006）213-215

[4] S. L. Altmann, *Rotations, Quaternions, and Double Groups* (Dover, 2005) 162-163

第9章　Euler角と空間回転

9.1　はじめに

　物理学を学んだことのある人々にとっては空間回転といえばEuler角による表し方だと思っている人も多い．それにもかかわらず，Euler角で表した空間回転を今まで取り扱わなかった．

　これは四元数による回転の表現やRodriguesの回転の表現とは基本的に違っていたためであるが，四元数から離れるが，それでも空間回転といえばEuler角による回転の表現が重要である．

　それでこの章ではそれを取り上げよう．

　まず，回転の表現の仕方としてはつぎの2つの方法があることを思い出しておこう．

1. 回転軸の方向を指定して，その軸のまわりの回転角で表す

2. Euler角で回転を表す

　四元数による回転やRodriguesの回転公式は1の方法によるものであり，これから述べるEuler角による回転の表現は2の方法によるものである．第9.2節では回転の自由度（またはフリーなパラメーター）の数について述べる．第9.3節でEuler角を用いた回転について説明をする．第9.4節では回転行列の満たす条件について述べる．

9.2 回転の自由度

第1の方法での回転の記述には3つのパラメーター（または自由度）が必要であった．すなわち，回転軸の方向を示すパラメーター2つとその軸のまわりの基準線からの回転角度のあわせて3つである．

それから考えると回転の記述のためには3つのパラメーターがあれば十分だと考えられる．この点を別の観点からもう一度考えてみよう[1]．

古典力学で扱われる剛体の運動はその並進運動と回転運動に分けられる．並進の自由度を無視して，いま剛体の回転運動だけに焦点をあてることにすれば，回転を記述するためにはその剛体のある基準点を原点にした剛体に固定された $x'y'z'$ 座標系（以後，回転座標系という）とその剛体とは独立な，回転座標系の原点と同じ点を原点とする，空間に静止した xyz 座標系（以後，静止座標系という）を考える．

剛体に固定された $x'y'z'$ 座標系と空間の xyz 静止座標系は時刻 $t=0$ で座標系が完全に一致しているとする．時間の経過とともに剛体が回転をするので剛体に固定された $x'y'z'$ 座標系は静止座標系に対して回転を行う．このとき原点はどちらの座標系にも共通である．

ここで，以後の議論を簡単にするために上の2つの座標系でつぎの記法を採用しよう．

すなわち，x, y, z をつぎのように

$$x_1 = x, \quad x_2 = y, \quad x_3 = z \tag{9.2.1}$$

---

[1] この節の記述は主として [1] によっている．しかし，議論のしかたを [1] とは変えてある．

第 9 章　Euler 角と空間回転

と添字を用いて表す．同じことを x', y', z' について行えば

$$x'_1 = x', \quad x'_2 = y', \quad x'_3 = z' \tag{9.2.2}$$

と表される．

　ところで，剛体の回転はいくつの自由度（パラメーター）をもつのであろうか．回転の様子を知るには回転する座標系の座標軸が静止座標系の座標軸となす角の方向余弦がわかればよい[2]．

　静止座標系の 3 つの座標軸の方向の基底単位ベクトルを図 9.1 のように $(\mathbf{e}_1, \mathbf{e}_2, \mathbf{e}_3)$ とし，回転座標系の 3 つの座標軸の方向の基底単位ベクトルを $(\mathbf{e}'_1, \mathbf{e}'_2, \mathbf{e}'_3)$ とする．回転の様子を知るには回転座標系の $(\mathbf{e}'_1, \mathbf{e}'_2, \mathbf{e}'_3)$ が静止座標系の $(\mathbf{e}_1, \mathbf{e}_2, \mathbf{e}_3)$ でどのように表されるかがわかればよい．

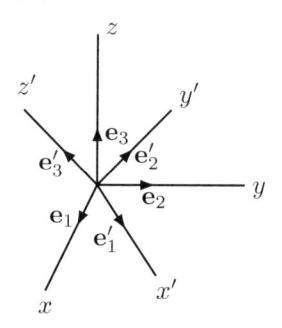

図 9.1: 静止座標系と回転座標系の基底単位ベクトル

このときもちろん $(\mathbf{e}'_1, \mathbf{e}'_2, \mathbf{e}'_3)$ は $(\mathbf{e}_1, \mathbf{e}_2, \mathbf{e}_3)$ の 1 次結合で表さ

---

[2]方向余弦は (9.2.11) で定義される．

9.2. 回転の自由度

れるから，つぎのように表される．

$$\mathbf{e}'_1 = a_{11}\mathbf{e}_1 + a_{12}\mathbf{e}_2 + a_{13}\mathbf{e}_3 \tag{9.2.3}$$

$$\mathbf{e}'_2 = a_{21}\mathbf{e}_1 + a_{22}\mathbf{e}_2 + a_{23}\mathbf{e}_3 \tag{9.2.4}$$

$$\mathbf{e}'_3 = a_{31}\mathbf{e}_1 + a_{32}\mathbf{e}_2 + a_{33}\mathbf{e}_3 \tag{9.2.5}$$

ここで，$a_{11}, a_{12}, \cdots, a_{33}$ は未定の係数である[3]．

これらの係数が決まれば回転の様子がわかるのだが，これらの係数をどうやって決めるのだろうか．それには静止座標系と回転座標系のそれぞれの基底単位ベクトルの正規直交性を用いる．すなわち，静止座標系においては

$$\mathbf{e}_1 \cdot \mathbf{e}_1 = \mathbf{e}_2 \cdot \mathbf{e}_2 = \mathbf{e}_3 \cdot \mathbf{e}_3 = 1 \tag{9.2.6}$$

$$\mathbf{e}_1 \cdot \mathbf{e}_2 = \mathbf{e}_2 \cdot \mathbf{e}_3 = \mathbf{e}_3 \cdot \mathbf{e}_1 = 0 \tag{9.2.7}$$

が成り立っている．同様に回転座標系においても

$$\mathbf{e}'_1 \cdot \mathbf{e}'_1 = \mathbf{e}'_2 \cdot \mathbf{e}'_2 = \mathbf{e}'_3 \cdot \mathbf{e}'_3 = 1 \tag{9.2.8}$$

$$\mathbf{e}'_1 \cdot \mathbf{e}'_2 = \mathbf{e}'_2 \cdot \mathbf{e}'_3 = \mathbf{e}'_3 \cdot \mathbf{e}'_1 = 0 \tag{9.2.9}$$

が成り立つ．

実際には $a_{11}, a_{12}, \cdots, a_{33}$ は (9.2.6),(9.2.7) を用いれば決めることができる．これらの係数が求まれば，その係数の意味も分かってくる．

いま，たとえば $\mathbf{e}'_1$ と $\mathbf{e}_1$，$\mathbf{e}'_1$ と $\mathbf{e}_2$，$\mathbf{e}'_1$ と $\mathbf{e}_3$ とのスカラー積をとれば，

$$a_{11} = \mathbf{e}'_1 \cdot \mathbf{e}_1, \quad a_{12} = \mathbf{e}'_1 \cdot \mathbf{e}_2, \quad a_{13} = \mathbf{e}'_1 \cdot \mathbf{e}_3$$

---

[3] 添字を用いて式中の記号を表せば，和の記号 $\sum$ やアインシュタインの和の規約を用いることができる．ここではそれらに立ち入らない．たとえば，[1] を参照せよ．

が得られる．同様に

$$a_{21} = \mathbf{e}'_2 \cdot \mathbf{e}_1, \quad a_{22} = \mathbf{e}'_2 \cdot \mathbf{e}_2, \quad a_{23} = \mathbf{e}'_2 \cdot \mathbf{e}_3$$

$$a_{31} = \mathbf{e}'_3 \cdot \mathbf{e}_1, \quad a_{32} = \mathbf{e}'_3 \cdot \mathbf{e}_2, \quad a_{33} = \mathbf{e}'_3 \cdot \mathbf{e}_3$$

が得られる．

$$a_{11}, a_{12}, \cdots, a_{33} \tag{9.2.10}$$

を一般に a_{ij} と表せば，a_{ij} の最初の添字 i は $x'_1 x'_2 x'_3$ 座標系の x'_i 軸を表し，後の添字 j は $x_1 x_2 x_3$ 座標系の x_j 軸を表している．

x'_i 軸と x_j 軸の間のなす角を θ_{ij} とすれば，方向余弦は $\cos\theta_{ij}$ で定義される．この方向余弦を用いれば前に決定した係数 a_{ij} は

$$a_{ij} = \mathbf{e}'_i \cdot \mathbf{e}_j = \cos\theta_{ij} \tag{9.2.11}$$

で表される．係数 a_{ij} の求め方からもわかるように，方向余弦はそれぞれの座標系の座標軸にそった単位ベクトルのスカラー積で表される．

空間内にベクトル $\mathbf{r}$ があるとき $x_1 x_2 x_3$ 座標系では

$$\mathbf{r} = x_1 \mathbf{e}_1 + x_2 \mathbf{e}_2 + x_3 \mathbf{e}_3 \tag{9.2.12}$$

と表される．この同じベクトル $\mathbf{r}$ を $x'_1 x'_2 x'_3$ 座標系では

$$\mathbf{r} = x'_1 \mathbf{e}'_1 + x'_2 \mathbf{e}'_2 + x'_3 \mathbf{e}'_3 \tag{9.2.13}$$

と表される．したがって

$$x'_1 = \mathbf{r} \cdot \mathbf{e}'_1 = a_{11} x_1 + a_{12} x_2 + a_{13} x_3 \tag{9.2.14}$$

$$x'_2 = \mathbf{r} \cdot \mathbf{e}'_2 = a_{21} x_1 + a_{22} x_2 + a_{23} x_3 \tag{9.2.15}$$

$$x'_3 = \mathbf{r} \cdot \mathbf{e}'_3 = a_{31} x_1 + a_{32} x_2 + a_{33} x_3 \tag{9.2.16}$$

9.2. 回転の自由度

となる.

いま (9.2.3),(9.2.4),(9.2.5) を $\mathbf{e}_1, \mathbf{e}_2, \mathbf{e}_3$ について解けば

$$\mathbf{e}_1 = a_{11}\mathbf{e}'_1 + a_{21}\mathbf{e}'_2 + a_{31}\mathbf{e}'_3 \tag{9.2.17}$$

$$\mathbf{e}_2 = a_{12}\mathbf{e}'_1 + a_{22}\mathbf{e}'_2 + a_{32}\mathbf{e}'_3 \tag{9.2.18}$$

$$\mathbf{e}_3 = a_{13}\mathbf{e}'_1 + a_{23}\mathbf{e}'_2 + a_{33}\mathbf{e}'_3 \tag{9.2.19}$$

となる (この式の導出は付録 9.1 に示す).

$\mathbf{e}_1 \cdot \mathbf{e}_1 = \mathbf{e}_2 \cdot \mathbf{e}_2 = \mathbf{e}_3 \cdot \mathbf{e}_3 = 1$ や $\mathbf{e}_1 \cdot \mathbf{e}_2 = \mathbf{e}_2 \cdot \mathbf{e}_3 = \mathbf{e}_3 \cdot \mathbf{e}_1 = 0$ を (9.2.17)-(9.2.19) と (9.2.8),(9.2.9) を用いて計算すれば,

$$a_{11}^2 + a_{21}^2 + a_{31}^2 = a_{12}^2 + a_{22}^2 + a_{32}^2 = a_{13}^2 + a_{23}^2 + a_{33}^2 = 1 \tag{9.2.20}$$

$$a_{11}a_{12} + a_{21}a_{22} + a_{31}a_{32} = a_{12}a_{13} + a_{22}a_{23} + a_{32}a_{33}$$
$$= a_{13}a_{11} + a_{23}a_{21} + a_{33}a_{31} = 0 \tag{9.2.21}$$

の 6 つの条件が得られる (この条件の導出は付録 9.2 に示す).

はじめに回転運動の自由度として, 見かけは 9 つの未定係数 $a_{11}, a_{12}, \cdots, a_{33}$ があるように思えたが, その 9 つ全部が独立ではなく, 条件式が 6 つ存在しているので, 独立な回転の自由度 (またはパラメーター) の数は 3 つであることがわかった.

これは前に回転を表現する方法として回転軸の方向を 2 つのパラメーターで指定し, かつその軸のまわりの回転角とで全体が 3 つの自由度 (またはパラメーター) で表されたことと一致している.

さて, 次節でこの 3 つのパラメーターをどのように表すかについて, そのとり方の一つとしてよく知られている, 3 つの Euler (オイラー) 角について説明をしよう.

第 9 章　Euler 角と空間回転

9.3　Euler 角による空間回転

　Euler 角による空間回転の説明に取りかかる前に，空間回転を表すときに二つの観点があることを述べておこう．

　第 8 章までは座標系は固定して，対象にしている物体とかベクトルを回転していたが (能動的観点 (active viewpoint) という)，この章では対象にしている物体やベクトルを固定して座標系の方を回転する (受動的観点 (passive viewpoint) という)．

　この関係は互いに逆の関係になるので，回転する角は能動的回転の場合を正にとるとすれば，受動的回転では回転する角の絶対値は同じだが，負になる．

　Euler 角による回転の表現では，比較的簡単に表すことのできる，座標軸を回転軸とする回転を 3 度くりかえすことにより，任意の空間の回転を表す．このとき，当然のことではあるが，続けて同一の座標軸を回転軸として選んではならない．したがって，回転軸としてどういう順序を選ぶかにより，$3 \times 2 \times 2 = 12$ 通りの可能性がある．

　慣用としてよく使われるものはつぎの 3 種類である[4]．

　第 1 の軸の選択法ははじめ z 軸のまわりに回転し，続いて x 軸のまわりに回転し，最後にまた z 軸のまわりに回転する．これを x 規約とよぶ．これは天体力学と応用力学または固体物理学等で用いられる．

　第 2 の軸の選択法は第 1 の場合とは 2 つ目の軸の選択が x 軸ではなく，y 軸をとることだけが違っている．これを y 規約とよぶ．これは量子力学と核物理学または素粒子物理学等でよく用いられる．

---

[4]この節では添字をつけない記法を用いている．読者を混乱させるかもしれない．

9.3. Euler 角による空間回転

第3の軸の選択法ははじめ x 軸のまわりに回転し，続いて y 軸のまわりに回転をし，最後に z 軸にまわりに回転をする．これを xyz 規約とよぶ．これは飛行機や人工衛星等の機体の姿勢制御等のときによく用いられる．

ここでは [1] にしたがって，x 規約について Euler 角を定義し，それによる空間回転について述べよう．

最初の座標軸 xyz を z 軸のまわりに角度 ϕ だけ反時計回りに回転させる．そのとき z 軸は変わらないが，回転後の新しい座標軸を XYZ 軸としよう．ここで $Z = z$ 軸である．だから，座標軸を XYz と表してもよい (図 9.2 参照)．つぎに新しい座標軸 X のまわりに θ だけ反時計まわりに回転させる．このとき X 軸は変わらないが，新しい座標軸を $X'Y'Z'$ 軸としよう．ここで $X' = X$ 軸である．だから座標軸は $XY'Z'$ と表してもよい (図 9.3 参照)．最後に Z' 軸のまわりに ψ だけ反時計方向に回転させる．こうして得られた新しい座標軸を $x'y'z'$ 軸としよう．ここで，$z' = Z'$ 軸である．だから座標軸は $x'y'Z'$ と表してもよい (図 9.4 参照)．

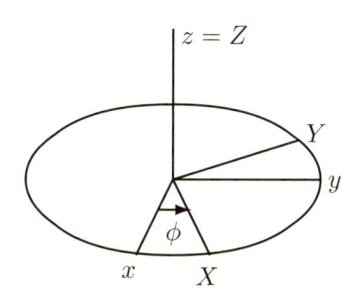

図 9.2: Euler 角による回転 1

第 9 章　Euler 角と空間回転

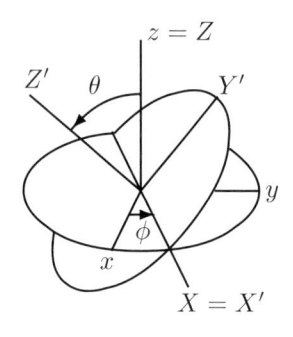

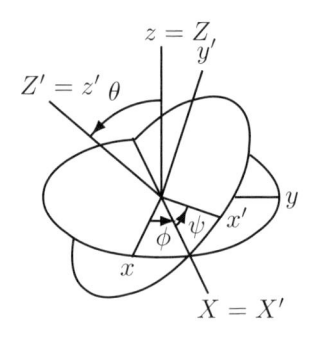

図 9.3: Euler 角による回転 2　　図 9.4: Euler 角による回転 3

ここで指定した 3 つの角 ϕ, θ, ψ で静止座標系 xyz に対して回転後の座標系 $x'y'z'$ の向きを決めることができる[5]。

ここで指定したように 3 つの回転のどの一つも座標系のある軸のまわりの回転であるから，それぞれは平面の回転を表している．

ところで，z 軸のまわりの ϕ の回転は

$$\mathsf{D} = \begin{pmatrix} \cos\phi & \sin\phi & 0 \\ -\sin\phi & \cos\phi & 0 \\ 0 & 0 & 1 \end{pmatrix} \tag{9.3.1}$$

で表される．また X 軸のまわりの θ の回転は

$$\mathsf{C} = \begin{pmatrix} 1 & 0 & 0 \\ 0 & \cos\theta & \sin\theta \\ 0 & -\sin\theta & \cos\theta \end{pmatrix} \tag{9.3.2}$$

---

[5]Euler 角を表す記号として ϕ, θ, ψ をとる理由は付録 9.3 を見よ．

9.3. Euler 角による空間回転

と表される．最後の Z' 軸のまわりの ψ の回転は

$$B = \begin{pmatrix} \cos\psi & \sin\psi & 0 \\ -\sin\psi & \cos\psi & 0 \\ 0 & 0 & 1 \end{pmatrix} \quad (9.3.3)$$

と表される．全体の回転はこの 3 つの回転を続けて行うから最初の列行列 $(x\ y\ z)^t$ を x と表し，2 番目の列行列 $(X\ Y\ Z)^t$ を X と表し，3 番目の列行列 $(X'\ Y'\ Z')^t$ を X' と表し，最後の列行列 $(x'\ y'\ z')^t$ を x' と表せば[6]，はじめの行列 D による回転は

$$X = Dx \quad (9.3.4)$$

と表され，2 番目の回転は

$$X' = CX \quad (9.3.5)$$

と表され，3 番目の回転は

$$x' = BX' \quad (9.3.6)$$

と表される．

ところで x を x' に変換する行列を A で

$$x' = Ax \quad (9.3.7)$$

と表せば，(9.3.4)-(9.3.6) によって

$$A = BCD \quad (9.3.8)$$

となる．したがって

$$A = \begin{pmatrix} a_{11} & a_{12} & a_{13} \\ a_{21} & a_{22} & a_{23} \\ a_{31} & a_{32} & a_{33} \end{pmatrix} \quad (9.3.9)$$

---

[6]ここで，たとえば $(x\ y\ z)^t$ は $(x\ y\ z)$ の転置，すなわち，列ベクトルを表す．

第 9 章　Euler 角と空間回転

となる (計算は付録 9.4 に述べる)．ここで

$$a_{11} = \cos\psi\cos\phi - \sin\psi\cos\theta\sin\phi,$$
$$a_{12} = \cos\psi\sin\phi + \sin\psi\cos\theta\cos\phi,$$
$$a_{13} = \sin\psi\sin\theta$$
$$a_{21} = -\sin\psi\cos\phi - \cos\psi\cos\theta\sin\phi$$
$$a_{22} = -\sin\psi\sin\phi + \cos\psi\cos\theta\cos\phi$$
$$a_{23} = \cos\psi\sin\theta$$
$$a_{31} = \sin\theta\sin\phi$$
$$a_{32} = -\sin\theta\cos\phi$$
$$a_{33} = \cos\theta$$

である．

また，ここでは証明をしなかったが，A は直交行列であり，転置行列 A^t は A の逆行列であり，

$$AA^t = A^t A = E$$

が成り立つ．そこで E は単位行列である．

9.4　回転行列の条件

Euler 角で回転を表せば，その行列は (9.3.9) で表せることを 9.3 節の最後に見た．ところでこの行列はある特殊な性質をもっている．それはその行列の行列式の値が 1 になるということである．

そのことをこの節では確認をしよう．そのためにもちろん (9.3.9) の行列式を計算してもよい[7]．しかし，ここではもっと簡単な方

---

[7]行列 A からその行列式が 1 であることを示すことができる．その計算を付録 9.5 で示す．

138

9.4. 回転行列の条件

法を考えよう．

それは行列 PQ の行列式はそれぞれの行列 P と Q の行列式の積に等しいという行列式の性質を使うことである．すなわち，$|PQ| = |P||Q|$ であることを用いて，この回転の行列 (9.3.9) の行列式が 1 であることを示すことにしよう．

前節の行列の積 B(CD) の行列式は

$$|B(CD)| = |B||CD| = |B||C||D| = 1 \tag{9.4.1}$$

となる．なぜなら，それぞれの行列から直ちに $|B| = 1, |C| = 1, |D| = 1$ であることがわかるから．

また，行列 B, C, D の回転角 ψ, θ, ϕ が無限小の角として，回転角の 2 次以上の積をすべて無視すれば

$$B = \begin{pmatrix} 1 & \psi & 0 \\ -\psi & 1 & 0 \\ 0 & 0 & 1 \end{pmatrix} \tag{9.4.2}$$

$$C = \begin{pmatrix} 1 & 0 & 0 \\ 0 & 1 & \theta \\ 0 & -\theta & 1 \end{pmatrix} \tag{9.4.3}$$

$$D = \begin{pmatrix} 1 & \phi & 0 \\ -\phi & 1 & 0 \\ 0 & 0 & 1 \end{pmatrix} \tag{9.4.4}$$

となる．そこで，このとき BCD の積を求めるが，このときやはり回転角の 2 次以上の積を無視すれば

$$BCD = \begin{pmatrix} 1 & \phi+\psi & 0 \\ -(\phi+\psi) & 1 & \theta \\ 0 & -\theta & 1 \end{pmatrix}$$

と表せる．ここで行列 **BCD** の行列式を計算すれば，

$$|\mathbf{BCD}| = 1 + (\phi + \psi)^2 + \theta^2$$

であるから，回転角の 2 次以上の積を無視すれば

$$|\mathbf{BCD}| = 1$$

となる．したがって，無限小の角度の回転の場合もその行列式の値は 1 であることがわかる．

このような回転行列の行列式の値が 1 であるような回転を固有回転といい，空間回転においては恒等回転（まったく回転をしないとき）から連続的に移ることのできる回転は必ずその回転行列の行列式の値は $+1$ である．

それに反して回転行列の行列式の値が -1 となる，回転はどこかに座標軸の反転の操作が入っており，このような回転は非固有な回転と言われる．非固有な回転は恒等回転からは連続的には移ることができない．

今まで扱ってきた回転はいずれも空間回転であり，それは固有回転に限られていたのである．

9.5 おわりに

第 4 章から第 8 章において四元数による空間回転やベクトルの空間回転について述べてきたが，最後のテーマとして残っていた，Euler 角による空間回転の表現についてこの章でようやく述べることができた．

この章で四元数と空間回転についての一連の記述を終える．しかし，四元数については球面線形補間の話題がまだ残っている．それについてはつぎの章で述べることにしよう．

9.6　付録9

9.6.1　付録9.1　(9.2.17)-(9.2.19) の導出

$$\mathbf{e}'_1 = a_{11}\mathbf{e}_1 + a_{12}\mathbf{e}_2 + a_{13}\mathbf{e}_3 \tag{9.2.3}$$

$$\mathbf{e}'_2 = a_{21}\mathbf{e}_1 + a_{22}\mathbf{e}_2 + a_{23}\mathbf{e}_3 \tag{9.2.4}$$

$$\mathbf{e}'_3 = a_{31}\mathbf{e}_1 + a_{32}\mathbf{e}_2 + a_{33}\mathbf{e}_3 \tag{9.2.5}$$

を逆に $\mathbf{e}_1, \mathbf{e}_2, \mathbf{e}_3$ について解いて，(9.2.17)-(9.2.19) が得られることは，(9.2.3)-(9.2.5) を行列で

$$\begin{pmatrix} \mathbf{e}'_1 \\ \mathbf{e}'_2 \\ \mathbf{e}'_3 \end{pmatrix} = \begin{pmatrix} a_{11} & a_{12} & a_{13} \\ a_{21} & a_{22} & a_{23} \\ a_{31} & a_{32} & a_{33} \end{pmatrix} \begin{pmatrix} \mathbf{e}_1 \\ \mathbf{e}_2 \\ \mathbf{e}_3 \end{pmatrix} \tag{9.6.1}$$

と表し，この係数行列を

$$\mathsf{O} = \begin{pmatrix} a_{11} & a_{12} & a_{13} \\ a_{21} & a_{22} & a_{23} \\ a_{31} & a_{32} & a_{33} \end{pmatrix}$$

と表して，O の転置行列 O^t を (9.6.1) に左側からかければ，係数行列 O は直交行列であるから

$$\mathsf{O}^t \mathsf{O} = \mathsf{E}, \quad \mathsf{E}：単位行列$$

が成り立つので

$$\begin{pmatrix} \mathbf{e}_1 \\ \mathbf{e}_2 \\ \mathbf{e}_3 \end{pmatrix} = \begin{pmatrix} a_{11} & a_{21} & a_{31} \\ a_{12} & a_{22} & a_{32} \\ a_{13} & a_{23} & a_{33} \end{pmatrix} \begin{pmatrix} \mathbf{e}'_1 \\ \mathbf{e}'_2 \\ \mathbf{e}'_3 \end{pmatrix}$$

第 9 章　Euler 角と空間回転

が得られる．すなわち，(9.2.17)-(9.2.19) が成り立っている．

しかし，ここでは係数行列 O が直交行列であることを証明していないので

$$\mathbf{e}_1 = b_{11}\mathbf{e}'_1 + b_{12}\mathbf{e}'_2 + b_{13}\mathbf{e}'_3$$
$$\mathbf{e}_2 = b_{21}\mathbf{e}'_1 + b_{22}\mathbf{e}'_2 + b_{23}\mathbf{e}'_3$$
$$\mathbf{e}_3 = b_{31}\mathbf{e}'_1 + b_{32}\mathbf{e}'_2 + b_{33}\mathbf{e}'_3$$

とおいて，$b_{11}, b_{12}, \cdots, b_{33}$ を求める[8]．いま $\mathbf{e}_1, \mathbf{e}_2, \mathbf{e}_3$ と $\mathbf{e}'_1, \mathbf{e}'_2, \mathbf{e}'_3$ とのスカラー積をとれば，

$$b_{11} = \mathbf{e}_1 \cdot \mathbf{e}'_1 = a_{11}, \quad b_{12} = \mathbf{e}_1 \cdot \mathbf{e}'_2 = a_{21}, \quad b_{13} = \mathbf{e}_1 \cdot \mathbf{e}'_3 = a_{31}$$
$$b_{21} = \mathbf{e}_2 \cdot \mathbf{e}'_1 = a_{12}, \quad b_{22} = \mathbf{e}_2 \cdot \mathbf{e}'_2 = a_{22}, \quad b_{23} = \mathbf{e}_2 \cdot \mathbf{e}'_3 = a_{32}$$
$$b_{31} = \mathbf{e}_3 \cdot \mathbf{e}'_1 = a_{13}, \quad b_{32} = \mathbf{e}_3 \cdot \mathbf{e}'_2 = a_{23}, \quad b_{33} = \mathbf{e}_3 \cdot \mathbf{e}'_3 = a_{33}$$

であることを示すことができる．

9.6.2　付録 9.2　a_{ij} の間の条件

$\mathbf{e}_1 \cdot \mathbf{e}_1 = \mathbf{e}_2 \cdot \mathbf{e}_2 = \mathbf{e}_3 \cdot \mathbf{e}_3 = 1$ および $\mathbf{e}_1 \cdot \mathbf{e}_2 = \mathbf{e}_2 \cdot \mathbf{e}_3 = \mathbf{e}_3 \cdot \mathbf{e}_1 = 0$ を (9.2.17)-(9.2.19) と (9.2.8), (9.2.9) を用いて求めれば，

$$\mathbf{e}_1 \cdot \mathbf{e}_1 = a_{11}^2 + a_{21}^2 + a_{31}^2 = 1$$
$$\mathbf{e}_2 \cdot \mathbf{e}_2 = a_{12}^2 + a_{22}^2 + a_{32}^2 = 1$$
$$\mathbf{e}_3 \cdot \mathbf{e}_3 = a_{13}^2 + a_{23}^2 + a_{33}^2 = 1$$
$$\mathbf{e}_1 \cdot \mathbf{e}_2 = a_{11}a_{12} + a_{21}a_{22} + a_{31}a_{32} = 0$$
$$\mathbf{e}_2 \cdot \mathbf{e}_3 = a_{12}a_{13} + a_{22}a_{23} + a_{32}a_{33} = 0$$
$$\mathbf{e}_3 \cdot \mathbf{e}_1 = a_{13}a_{11} + a_{23}a_{21} + a_{33}a_{31} = 0$$

---

[8]係数 b_{ij} の前の添字 i は x_i 軸を表し，後ろの添字 j は x'_j 軸を表している．この点で係数 a_{ij} の添字の場合と違うことに注意せよ．

と求められる．これは前に定義した直交行列 O の直交条件 $OO^t = E$ から得られる条件と一致する．

なお，(9.2.3)-(9.2.5) から (9.2.8)，(9.2.9)，すなわち，$\mathbf{e}_1' \cdot \mathbf{e}_1' = \mathbf{e}_2' \cdot \mathbf{e}_2' = \mathbf{e}_3' \cdot \mathbf{e}_3' = 1$ および $\mathbf{e}_1' \cdot \mathbf{e}_2' = \mathbf{e}_2' \cdot \mathbf{e}_3' = \mathbf{e}_3' \cdot \mathbf{e}_1' = 0$ を求めれば，

$$\mathbf{e}_1' \cdot \mathbf{e}_1' = a_{11}^2 + a_{12}^2 + a_{13}^2 = 1$$
$$\mathbf{e}_2' \cdot \mathbf{e}_2' = a_{21}^2 + a_{22}^2 + a_{23}^2 = 1$$
$$\mathbf{e}_3' \cdot \mathbf{e}_3' = a_{31}^2 + a_{32}^2 + a_{33}^2 = 1$$
$$\mathbf{e}_1' \cdot \mathbf{e}_2' = a_{11}a_{21} + a_{12}a_{22} + a_{13}a_{23} = 0$$
$$\mathbf{e}_2' \cdot \mathbf{e}_3' = a_{21}a_{31} + a_{22}a_{32} + a_{23}a_{33} = 0$$
$$\mathbf{e}_3' \cdot \mathbf{e}_1' = a_{31}a_{11} + a_{32}a_{12} + a_{33}a_{13} = 0$$

という別の形の条件も得られる．これは直交行列 O の直交条件 $OO^t = E$ の転置をとった $O^t O = E$ から得られた条件と一致する．

通常，行列 O が直交する条件は

$$OO^t = O^t O = E$$

と表されるが，どちらか片一方の条件が成立すれば，他方はその転置をとった式であるので，どちらか一方が成立すればいい．そのことを保証している．

読者自身で一度 $OO^t = E$ および $O^t O = E$ の行列の積をつくって確かめるとよい．

9.6.3　付録 9.3　Euler 角の記号

Euler 角を表す記号として ϕ, θ, ψ を用いたのは，ϕ, θ が 3 次元極座標で極角 θ，方位角 ϕ として慣用的に用いられていたからで

第 9 章　Euler 角と空間回転

あろう（図 9.5 参照）．もっとも Euler 角の場合にはさらにもう一つの角 ψ が加わっている．

Euler 角として ϕ, θ, ψ の代わりに α, β, γ を用いるテキストもあるが [3][4]，ここでは [1] にしたがった．ちなみに [1] では ϕ, θ, ψ をなぜ用いるのかという説明はされていない．

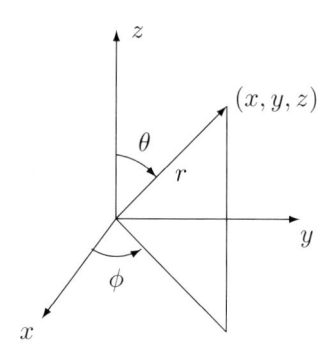

図 9.5: 3 次元球座標 (r, θ, ϕ) の定義

9.6.4　付録 9.4　行列 A の計算

行列の計算をするまでもないであろうが，念のために示しておこう．

$$CD = \begin{pmatrix} 1 & 0 & 0 \\ 0 & \cos\theta & \sin\theta \\ 0 & -\sin\theta & \cos\theta \end{pmatrix} \begin{pmatrix} \cos\phi & \sin\phi & 0 \\ -\sin\phi & \cos\phi & 0 \\ 0 & 0 & 1 \end{pmatrix}$$

$$= \begin{pmatrix} \cos\phi & \sin\phi & 0 \\ -\cos\theta\sin\phi & \cos\theta\cos\phi & \sin\theta \\ \sin\theta\sin\phi & -\sin\theta\cos\phi & \cos\theta \end{pmatrix}$$

である．この CD の積を用いて

$$B(CD) = \begin{pmatrix} \cos\psi & \sin\psi & 0 \\ -\sin\psi & \cos\psi & 0 \\ 0 & 0 & 1 \end{pmatrix} \begin{pmatrix} \cos\phi & \sin\phi & 0 \\ -\cos\theta\sin\phi & \cos\theta\cos\phi & \sin\theta \\ \sin\theta\sin\phi & -\sin\theta\cos\phi & \cos\theta \end{pmatrix}$$

$$= \begin{pmatrix} a_{11} & a_{12} & a_{13} \\ a_{21} & a_{22} & a_{23} \\ a_{31} & a_{32} & a_{33} \end{pmatrix}$$

第 9 章　Euler 角と空間回転

ここで

$$a_{11} = \cos\psi\cos\phi - \sin\psi\cos\theta\sin\phi$$
$$a_{12} = \cos\psi\sin\phi + \sin\psi\cos\theta\cos\phi$$
$$a_{13} = \sin\psi\sin\theta$$
$$a_{21} = -\sin\psi\cos\phi - \cos\psi\cos\theta\sin\phi$$
$$a_{22} = -\sin\psi\sin\phi + \cos\psi\cos\theta\cos\phi$$
$$a_{23} = \cos\psi\sin\theta$$
$$a_{31} = \sin\theta\sin\phi$$
$$a_{32} = -\sin\theta\cos\phi$$
$$a_{33} = \cos\theta$$

である.
これが行列 A の計算の詳細である.

9.6.5　付録 9.5　$|A| = 1$ の直接の証明

すでに本文で行列式 $|A| = 1$ であることを示したのだから, 蛇足だと思うが, 行列式 $|A| = 1$ であることを行列 A から直接に示す. 付録 9.4 で定義した a_{11}, a_{12}, a_{13} を用いれば

$$\begin{aligned}|A| &= a_{11}A_{11} - a_{12}A_{12} + a_{13}A_{13}\\&= a_{11}^2 + a_{12}^2 + a_{13}^2\\&= \cos^2\psi + \sin^2\psi\cos^2\theta + \sin^2\psi\sin^2\theta\\&= \cos^2\psi + \sin^2\psi\\&= 1\end{aligned}$$

ここで

$$A_{11} = \begin{vmatrix} -\sin\psi\sin\phi + \cos\psi\cos\theta\cos\phi & \cos\psi\sin\theta \\ -\sin\theta\cos\phi & \cos\theta \end{vmatrix}$$

$$= \cos\psi\cos\phi - \sin\psi\cos\theta\sin\phi$$

$$= a_{11}$$

$$A_{12} = \begin{vmatrix} -\sin\psi\cos\phi - \cos\psi\cos\theta\sin\phi & \cos\psi\sin\theta \\ \sin\theta\sin\phi & \cos\theta \end{vmatrix}$$

$$= -(\cos\psi\sin\phi + \sin\psi\cos\theta\cos\phi)$$

$$= -a_{12}$$

$$A_{13} = \begin{vmatrix} a_{21} & a_{22} \\ a_{31} & a_{32} \end{vmatrix}$$

$$= \sin\psi\sin\theta$$

$$= a_{13}$$

である.

また,最後の A_{13} の行列式の中の要素は

$$a_{21} = -\sin\psi\cos\phi - \cos\psi\cos\theta\sin\phi,$$

$$a_{22} = -\sin\psi\sin\phi + \cos\psi\cos\theta\cos\phi,$$

$$a_{31} = \sin\theta\sin\phi,$$

$$a_{32} = -\sin\theta\cos\phi$$

である.

9.6.6　付録9.6　Gimbal lock の現象

Euler 角による空間回転ではときどき困ったことが起きる.それは3つの軸のまわりの回転のつもりでいたら,そうではないこ

第9章 Euler角と空間回転

とが起こる可能性がある[9].

インターネットで調べるといろいろの説明があり，その中には体験的な感覚に訴えるものも存在する．

ここでは wikipedia [2] にしたがって，Euler角での回転行列による説明を見ておこう．まず取り上げるのは x 規約の場合である．いま Euler角 ϕ と ψ とはその変域を $[-\pi, \pi]$ とし，θ の変域を $[0, \pi]$ とする．

このとき $\theta = 0, \pi$ のときに gimbal lock の現象が起きる．

まず $\theta = 0$ のときを考えよう．このとき

$$\begin{pmatrix} 1 & 0 & 0 \\ 0 & \cos\theta & \sin\theta \\ 0 & -\sin\theta & \cos\theta \end{pmatrix} = \begin{pmatrix} 1 & 0 & 0 \\ 0 & 1 & 0 \\ 0 & 0 & 1 \end{pmatrix}$$

であるから

$$\begin{aligned} R(\psi, 0, \phi) &= \begin{pmatrix} \cos\psi & \sin\psi & 0 \\ -\sin\psi & \cos\psi & 0 \\ 0 & 0 & 1 \end{pmatrix} \begin{pmatrix} 1 & 0 & 0 \\ 0 & 1 & 0 \\ 0 & 0 & 1 \end{pmatrix} \\ &\quad \times \begin{pmatrix} \cos\phi & \sin\phi & 0 \\ -\sin\phi & \cos\phi & 0 \\ 0 & 0 & 1 \end{pmatrix} \\ &= \begin{pmatrix} \cos(\psi+\phi) & \sin(\psi+\phi) & 0 \\ -\sin(\psi+\phi) & \cos(\psi+\phi) & 0 \\ 0 & 0 & 1 \end{pmatrix} \end{aligned} \quad (9.6.2)$$

これは結局 z 軸のまわりの角度 $\psi + \phi$ の回転と同じであり，すなわち3つの自由度のうちの2つが失われて，残っている自由度は1つだけである (補注 12.4 を参照).

---

[9]Gimbals については付録 9.7 を参照せよ．

同様に $\theta = \pi$ のときには

$$\begin{pmatrix} 1 & 0 & 0 \\ 0 & \cos\theta & \sin\theta \\ 0 & -\sin\theta & \cos\theta \end{pmatrix} = \begin{pmatrix} 1 & 0 & 0 \\ 0 & -1 & 0 \\ 0 & 0 & -1 \end{pmatrix}$$

となり，

$$\begin{aligned} R(\psi,\pi,\phi) &= \begin{pmatrix} \cos\psi & \sin\psi & 0 \\ -\sin\psi & \cos\psi & 0 \\ 0 & 0 & 1 \end{pmatrix} \begin{pmatrix} 1 & 0 & 0 \\ 0 & -1 & 0 \\ 0 & 0 & -1 \end{pmatrix} \\ &\times \begin{pmatrix} \cos\phi & \sin\phi & 0 \\ -\sin\phi & \cos\phi & 0 \\ 0 & 0 & 1 \end{pmatrix} \\ &= \begin{pmatrix} \cos(\psi-\phi) & -\sin(\psi-\phi) & 0 \\ -\sin(\psi-\phi) & -\cos(\psi-\phi) & 0 \\ 0 & 0 & -1 \end{pmatrix} \end{aligned}$$

これもやはり z 軸のまわりの角度 $\psi - \phi$ の回転と同じであり，2次元の回転ではあるが，もはや3次元の回転ではない．この場合も上と同様である．

以上は x 規約における gimbal lock 現象であったが，xyz 規約でも同様な議論ができる．しかし，xyz 規約ではすべての回転軸が異なっているので，heading-pitch-bank の中の pitch の角が $\theta = \pm\pi/2$ のときに gimbal lock 現象が生じる [10]．

9.6.7　付録 9.7　Gimbals

Gimbals とは Webster 英英辞典によれば，

---

[10] [5] にその説明があるが，θ の変域が $[-\pi/2, \pi/2]$ になっており，x 規約での θ の変域と異なっていることに注意せよ．

第9章　Euler角と空間回転

　　　A pair of rings pivoted on axes at right angles to each other so that one is free to swing within the other: a ship compass, etc. will keep a horizontal position when suspended in gimbals.（一組のリングで，お互いに直交するように軸づけされている．それで中にある小さなリングは外側の大きなリングに対して自由に動くようになっている：船舶のコンパス等はジンバルに吊るされて水平の位置を保つことができる．）

　逐語訳ではなく，想像しやすいように意訳した．辞典ではgimbalsと必ずsがついているが，Gimbal lockのインターネットでの記述ではsが落ちている．Gimbalsは言葉で説明するよりも図とか実物を見た方がわかりやすいと思うので，[6]をぜひ参照してください．

　一般的に3つのリングで使われているが，この場合にはgimbal lockが生じる可能性があるので，それを防止するためには4つのリングを使えばよいと説明されている．

9.7　参考文献9

[1] Goldstein, Poole, Safko (矢野，江沢，渕崎　訳),『古典力学』（第3版）上（吉岡書店，2006) 177-225
[2] http://en.wikipedia.org/wiki/Gimbal_lock
[3] S. L. Altmann, *Rotations, Quaternions, and Double Groups* (Dover, 2005)
[4] J. B. Kuipers, *Quaternions and Rotation Sequences* (Princeton Univ. Press, 1999)

[5] F. Dunn and I. Parberry（松田晃一　訳）『ゲーム 3D 数学』（オーライリー・ジャパン, 2008）154-155

[6] http://mailsrv.nara-edu.ac.jp/~asait/kuiepr_belt/navigation2/gimbal.htm

第10章　球面線形補間

10.1　はじめに

　現在の四元数の重要性はもちろんアニメのフィギュアを画面上で動かしたり，または衛星やロケットの姿勢制御とか，あるいは自動制御の機械の回転操作等の際に有用だからである[1]．

　それでこの書でも物体の回転について6章にわたって述べてきた．本書ではあまり応用には目を向けてはいない．しかし，それでも応用においては四元数の補間が必要になってくるので，この章ではベクトルの球面線形補間について述べ，さらにそれが四元数の球面線形補間にどのように応用されるかを見てみよう．

　まず10.2節では補間とはなにかを述べる．つづいて10.3節ではベクトルの線形補間について述べる．10.4節と10.5節では大きさが一定のベクトルの球面線形補間について説明する．ここではできるだけ線形補間の拡張として球面線形補間を考える．10.6節では応用との関連で重要な四元数の球面線形補間について述べよう．

　本文では話の筋道を重視したので，省略した事項を付録10で補足的に説明する．もし細かなことを知りたいときには付録10の該当箇所を参照してほしい．

---

[1] 空間回転を Euler 角ではなく，四元数で表すと空間回転の計算が比較的簡単なことおよびジンバルロックが起こらないという利点がある．

10.2　補間とはなにか

もともと補間法[2]とは関数表に与えられていない引数に対する関数（たとえば三角関数，対数関数，指数関数など）の値を求めるために考えられたものである．しかし，現在では汎用のコンピュータ，スーパーコンピュータ，パーソナル・コンピュータ，関数電卓等が普及したためにこれらの関数の値を容易に求められるようになったので，本来の意味での補間法は一般のユーザーにとっては存在意義がなくなってしまった．

しかし，その意義はまったくなくなってしまったわけではなく，情報処理工学の観点から重要となっている．たとえば実験データのようなとびとびの数値があたえられたときに，これらの中間の値を適当な方法によって求める必要があったり，またそのデータから，それらの実験式を得たり，それらの実験式の微係数や積分値を求めたりする必要があるときに補間や補外[3]は有効である．

またグラフィックスでのフィギュアの回転や移動とかでも補間は重要であろう．同様に機械の自動制御の過程においても必要があれば，簡単に補間法を用いて計算できると便利であろう．そのような用途のために球面線形補間がShoemakeによって1985年に考えられた[1]．

10.3　線形補間

球面線形補間について述べる前にまず線形補間について述べよう．そしてその拡張として球面線形補間を考えることにしたい．最終的には**四元数の球面線形補間**を考えるのを目的とするが，まずは**ベクトルの線形補間**を考えることからはじめよう．

---

[2]補間法は内挿法ともいわれる．補間は英語ではinterpolationという．
[3]補外は外挿ともいわれる．英語ではextrapolationという．

第 10 章　球面線形補間

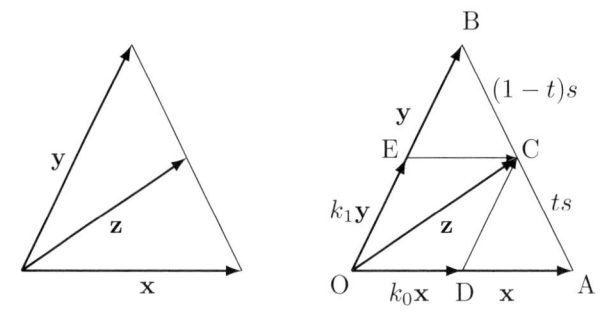

図 10.1: 線形補間 1　　　図 10.2: 線形補間 2

図 10.1 に示すような，始点の一致した 2 つのベクトル **x** と **y** とがあるとき，この二つのベクトルの終点を結んだ直線上にベクトルの終点がくるような，この中間の位置ベクトル **z** は **x** と **y** の一次結合として，

$$\mathbf{z} = k_0(t)\mathbf{x} + k_1(t)\mathbf{y}, \quad 0 \leq t \leq 1 \quad (10.3.1)$$

で表されるであろう[4]．ここで，t はパラメータである．さて，係数 $k_0(t), k_1(t)$ をどのように決めたらよいか．ベクトル **x** と **y** の先端の点を直線で結んだその直線上にベクトル **z** の先端があるから，係数 $k_0(t), k_1(t)$ もパラメータ t の 1 次関数として表されるだろう．それをいま

$$k_0(t) = at + b, \quad (10.3.2)$$
$$k_1(t) = ct + d \quad (10.3.3)$$

と仮定しよう．ここで，a, b, c, d は未定の係数である．

$t = 0$ のときには

$$\mathbf{z} = \mathbf{x}$$

---
[4] もっとも補外を行うときには $0 \leq t \leq 1$ という制限を取り除く必要がある．

154

10.3. 線形補間

であるとすれば,

$$k_0(0) = 1, \quad k_1(0) = 0 \tag{10.3.4}$$

となる.

$t = 1$ のときには

$$\mathbf{z} = \mathbf{y}$$

であるとすれば,

$$k_0(1) = 0, \quad k_1(1) = 1 \tag{10.3.5}$$

となる.

これで $k_0(t), k_1(t)$ のそれぞれについての 2 つの条件が得られたから, 未定係数 a, b, c, d を求めることができる.

$k_0(0) = 1, \ k_0(1) = 0$ から

$$b = 1, \tag{10.3.6}$$
$$a + b = 0 \tag{10.3.7}$$

$k_1(0) = 0, k_1(1) = 1$ から

$$d = 0 \tag{10.3.8}$$
$$c + d = 1 \tag{10.3.9}$$

(10.3.6)-(10.3.9) から

$$a = -1, \quad b = 1, \quad c = 1, \quad d = 0$$

が得られる. これから

$$k_0(t) = 1 - t, \quad k_1(t) = t \tag{10.3.10}$$

第 10 章　球面線形補間

と求められる[5]．したがって，(10.3.1) は

$$\mathbf{z} = (1-t)\mathbf{x} + t\mathbf{y} \qquad (10.3.11)$$

と表される．

以下では簡単のために必要な場合以外は $k_0(t) = k_0$, $k_1(t) = k_1$ と引数の t を省く．

(10.3.10) を初等幾何学的に考えてみよう．図 10.2 のように $\mathbf{z}$ を対角線とする，平行四辺形を考える．O, A, B, C, D, E を図 10.2 のようにとる．

ここで，$\overrightarrow{\mathrm{DC}} = \overrightarrow{\mathrm{OE}} = k_1\mathbf{y}$ は $\mathbf{y}$ と平行であり，また $\overrightarrow{\mathrm{EC}} = \overrightarrow{\mathrm{OD}} = k_0\mathbf{x}$ は $\mathbf{x}$ と平行である．

図 10.2 においてベクトルの合成から

$$\mathbf{z} = k_0\mathbf{x} + k_1\mathbf{y} \qquad (10.3.1)$$

が成り立っていることを再度確認できる．

さて，図 10.2 において $\overline{\mathrm{AB}} = s$ とし，$\overline{\mathrm{AC}} = ts$, $\overline{\mathrm{CB}} = (1-t)s$ とすれば，EC ∥ OA であるから △ECB と △OAB とは相似三角形である．したがって

$$\frac{k_0|\mathbf{x}|}{(1-t)s} = \frac{|\mathbf{x}|}{s}$$

が成り立つ．すなわち，k_0 は

$$k_0 = \frac{(1-t)s}{s} \qquad (10.3.12)$$

となる．

また DC ∥ OB であるから △DAC と △OAB とは相似三角形である．したがって

$$\frac{k_1|\mathbf{y}|}{ts} = \frac{|\mathbf{y}|}{s}$$

---

[5]もっと簡単な $k_0(t)$, $k_1(t)$ の式の導出を付録 10.1 で示す．

が成り立つ. すなわち, k_1 は

$$k_1 = \frac{ts}{s} \tag{10.3.13}$$

となる.

(10.3.12),(10.3.13) は (10.3.10) とまったく同じ式であるが, わざと冗長に書き直されている. これをまとめれば

$$k_0 = \frac{(1-t)s}{s}, \quad k_1 = \frac{ts}{s} \tag{10.3.14}$$

である. (10.3.10) ではなくわざわざ (10.3.14) と表したのは次節以降に述べる球面線形補間との類似性をはっきりさせるためである.

10.4　球面線形補間 1

ベクトルの球面線形補間について述べよう (図 10.3 参照). 線形補間の場合と比べて**そのベクトルの大きさが一定**という条件がついている. すなわち,

$$|\mathbf{x}| = |\mathbf{y}| = |\mathbf{z}| = r \tag{10.4.1}$$

この条件の下で

$$\mathbf{z} = k_0 \mathbf{x} + k_1 \mathbf{y} \tag{10.4.2}$$

の k_0, k_1 を求める [6]. (10.4.2) は前の (10.3.1) と同じ形だが, 条件 (10.4.1) がついている. だからまったく新しい問題となる.

---

[6] 10.4 節以下での k_0, k_1 は 10.3 節のそれらに対応しているが, 違うものであることに注意せよ. 違うものには違う記号を使うべきかもしれないが, 記号の節約のために同じ記号を流用する.

第 10 章 球面線形補間

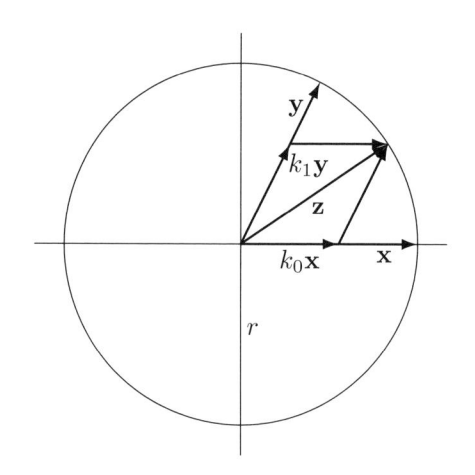

図 10.3: 球面線形補間 1

だが，その前にちょっと極限の場合を考えてみよう．それは二つのベクトル **x** と **y** のなす角 θ が微小角である場合である．この場合には近似的に線形補間の式と同じ式が成り立つと考えられる．

したがって，$\theta \to 0$ の極限の場合には k_0, k_1 は線形補間 (10.3.14) と同じ形の式が成り立つと考えてよい[7]．

そうすると線形補間のときの k_0, k_1 の式 (10.3.14) で s を θ で置き換えた式が $\theta \to 0$ では成り立つであろう．したがって，この極限の場合では

$$k_0 = \frac{(1-t)\theta}{\theta}, \quad k_1 = \frac{t\theta}{\theta} \qquad (10.4.3)$$

と近似できる．

―――――――――
[7]線形補間の場合にはベクトル **x** と **y** のベクトルの先端の間の長さを s としたが，球面線形補間ではベクトル **x** と **y** のなす角を θ としている．

これから $\theta \to 0$ のときに (10.4.3) となるような θ と t の関数である，k_0, k_1 を見つければよい．直ぐに思いつく関数としては $\sin$ 関数がある．

すなわち，(10.4.3) で $(1-t)\theta \to \sin(1-t)\theta$，$t\theta \to \sin t\theta$，$\theta \to \sin\theta$ と置き換れば，

$$k_0 = \frac{\sin(1-t)\theta}{\sin\theta}, \quad k_1 = \frac{\sin t\theta}{\sin\theta} \quad (10.4.4)$$

が得られる．

これは求める球面線形補間なのであるが，ただ $u \to 0$ のときに $f(u) \to u$ の条件を満たす関数は $\sin$ 関数だけではない．たとえば，$\tan$ 関数も同じ条件を満たす．

ではどうやって $u \to 0$ のときに $f(u) \to u$ という条件を満たす，多くの関数の内で $\sin$ 関数のみが球面線形補間となり，他の関数は球面線形補間とはならないことを示すか．それにはベクトルの大きさが一定という条件をみたすかどうかを調べなくてはならない．その検討は簡単ではない．またいままで知られている，$u \to 0$ のときに $f(u) \to u$ となる関数 $f(u)$ をすべて調べたとしても他の知らない関数がないとはいえない．それでこの考えはおもしろいがここで頓挫する．それに関した議論の一端については付録 10.2 で述べよう．10.5 節では別の考えを述べよう．

10.5 球面線形補間 2

初等幾何学的には線形補間の場合と類推的につぎのような考えが思いつかれるであろう [2][8]．それは線形補間の場合に k_0, k_1 の関数を求めるときに三角形が相似であることを用いたが，同様な

---

[8][2] のアイディアは [3] に触発されたのかもしれないが，論理がより明確である．

第 10 章 球面線形補間

ことが球面線形補間でも行えないだろうか．すなわち，この場合でも相似な三角形をつくれないだろうか．

平行四辺形は線形補間の場合も球面線形補間の場合も同じようにあるが，相似な三角形は球面線形補間の場合には線形補間の場合とは異なってそのままでは存在していない．

しかし，補間ベクトル $\mathbf{z}$ の終点 C とベクトル $\mathbf{x}$ の終点 A から線分 OB に垂線を下した足をそれぞれ I と H とすれば，相似な直角三角形をつくることができる (図 10.4 参照)[9]．ちょっと図につ

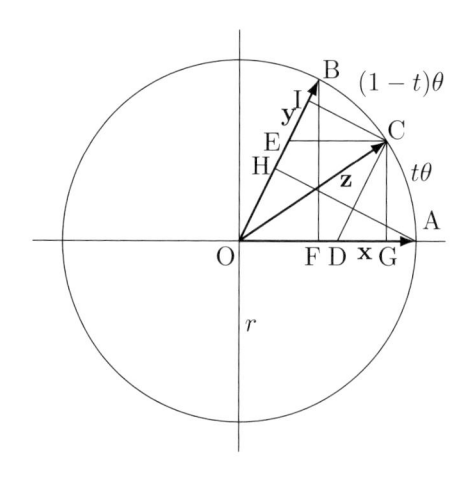

図 10.4: 球面線形補間 2

いて注意をしておく．図 10.4 の円弧につけられた $t\theta$ と $(1-t)\theta$ はそれぞれ角度 ∠AOC と ∠COB を表しており，円弧の長さではない．もちろん円の半径 r を 1 にとれば，角度 $t\theta$ と $(1-t)\theta$ は

---

[9]図 10.4 にベクトル $k_0\mathbf{x}$ や $k_1\mathbf{y}$ の記号等を書き入れるとわかり難くなるので，書き入れていない．図 10.3 とあわせて参照せよ．

10.5. 球面線形補間 2

その記号のつけられた円弧の長さに等しい．また，$\theta = \angle\text{AOB}$ である．この注意は以下の図 10.6-図 10.9 についても同様である．

EC ∥ OA であるから △ECI と △OAH とは相似な直角三角形である．それで

$$\frac{\overline{\text{EC}}}{r\sin(1-t)\theta} = \frac{|\mathbf{x}|}{r\sin\theta}$$

が成り立つ．このとき $\overline{\text{EC}} = \overline{\text{OD}} = k_0|\mathbf{x}|$ である．したがって

$$k_0 = \frac{\sin(1-t)\theta}{\sin\theta} \qquad (10.5.1)$$

が得られる[10]．

同様に補間ベクトル $\mathbf{z}$ の終点 C とベクトル $\mathbf{y}$ の終点 B から線分 OA に垂線を下ろした足をそれぞれ G と F とすれば，相似な直角三角形をつくることができる (図 10.4 参照)．

また DC ∥ OB であるから △DGC と △OFB とは相似な直角三角形である．それで

$$\frac{\overline{\text{DC}}}{r\sin t\theta} = \frac{|\mathbf{y}|}{r\sin\theta}$$

成り立つ[11]．このとき $\overline{\text{DC}} = \overline{\text{OE}} = k_1|\mathbf{y}|$ である．したがって

$$k_1 = \frac{\sin t\theta}{\sin\theta} \qquad (10.5.2)$$

が得られる．

ここで (10.5.1),(10.5.2) を一つにまとめておく．これは

$$k_0 = \frac{\sin(1-t)\theta}{\sin\theta}, \quad k_1 = \frac{\sin t\theta}{\sin\theta} \qquad (10.4.4)$$

と同一である．

---

[10] $\overline{\text{CI}}$ を △OCI の高さと考えれば，$\overline{\text{CI}} = r\sin(1-t)\theta$ が得られる．
[11] $\overline{\text{CG}}$ を △OGC の高さと考えれば，$\overline{\text{CG}} = r\sin t\theta$ が得られる．

したがって
$$\mathbf{z} = \frac{\sin(1-t)\theta}{\sin\theta}\mathbf{x} + \frac{\sin t\theta}{\sin\theta}\mathbf{y} \qquad (10.5.3)$$
となる．

(10.4.4) から $\theta \to 0$ のときに (10.4.3) が得られる．したがって，この球面線形補間 (10.5.3) は線形補間 (10.3.11) の自然な拡張とみなすことができる．(10.5.3) の $\mathbf{z}$ のスカラー積 $\mathbf{z}\cdot\mathbf{z}$ をとってあらためて $|\mathbf{z}|=r$ を示すこともできる．

この (10.5.3) の球面線形補間の求め方は他にもいろいろある．そのいくつかの導出法を付録 10.3-10.5 に述べる．

10.6　四元数の球面線形補間

この節では中心課題である，四元数の球面線形補間について述べよう．

[8] によれば，線形補間の手続きはつぎの 3 つのステップを踏む．

1. 2 つの値の差分をとる．$\Delta a = a_1 - a_0$

2. この差分のフラクションをとる．$t\Delta a$，（$0 \leq t \leq 1$，t：パラメータ）

3. はじめの値をその差分のフラクションで補正する．$a = a_0 + t\Delta a$

四元数の球面線形補間も同じ手続きで得られる．しかし，四元数に特有なところもある．いま二つの四元数を x, y としよう．これは単位四元数，すなわち大きさが 1 の四元数とする．

10.6. 四元数の球面線形補間

1. 2つの四元数 x, y の差分を求めよう．

   通常，差分といえば，差を用いて $\Delta z = y - x$ で定義されるが，四元数の差分は四元数 x から y への角変位として定義されている．それを Δz と表せば，

   $$\Delta z = yx^{-1}$$

   で与えられる．ここで，オペレーションは右から先に左へと順にオペレートする [12]．

2. この差分 Δz のフラクションをとる．

   この差分のフラクションは，四元数のべき乗を用いて

   $$(\Delta z)^t$$

   と表される [13]．

3. はじめの四元数 x をとり，それをステッテプ2で得られた差分で補間をする．

   $$z(t) = (\Delta z)^t x$$

手続きは以上である．後はこの計算を実行すればよい．

x, y も z も大きさ1の単位四元数であるから，

$$|x| = |y| = |z| = 1$$

が成り立つ [14]．

---

[12] 四元数の差分は付録10.8で説明をする．またオペレーションの順序は [10] とは違っている．

[13] フラクション (fraction) とは小部分，断片とか分数を意味する．ここでは差分の小部分という意味に使っている．

[14] 前に述べたベクトルの球面線形補間ではベクトルの大きさを r ととった．もちろんベクトルの大きさ $r = 1$ ととっても何の不都合も生じない．

163

第10章　球面線形補間

いま x, y をそれぞれ $x = 1, y = \cos\theta + \mathbf{n}\sin\theta$ ととろう．このように x, y をとっても議論の一般性を失うことはない．ここで，$\mathbf{n} = in_x + jn_y + kn_z$ である．

第1ステップではまず差分 Δz を導こう．四元数 x に差分 Δz をオペレートすれば，
$$(\Delta z)x = y$$
となるから，この式の両辺に右から x^{-1} をかけると四元数の差分 Δz は
$$\Delta z = yx^{-1} \tag{10.6.1}$$
と求められる．

第2ステップが少し面倒である．差分のフラクションをとる．これは
$$\begin{aligned}(\Delta z)^t &= (yx^{-1})^t \\ &= \cos t\theta + \mathbf{n}\sin t\theta \end{aligned} \tag{10.6.2}$$
となる [15]．

第3スッテプは四元数 x に差分のフラクション $(\Delta z)^t$ を左からかければよい．$x = 1$ ととっていたから
$$\begin{aligned} z &= (\Delta z)^t x \\ &= (\cos t\theta + \mathbf{n}\sin t\theta) \cdot 1 \\ &= \cos t\theta + \mathbf{n}\sin t\theta \end{aligned} \tag{10.6.3}$$

ところで，z は
$$z = Ax + By \tag{10.6.4}$$

---

[15]ここで $(\Delta z)^t$ は差分 Δz のべき乗を表す．この計算の詳細は付録 10.9 に述べる．

とも表される．ここで A, B は未定の係数である．これに $x = 1, y = \cos\theta + \mathbf{n}\sin\theta$ を代入すれば，

$$z = A + B\cos\theta + B\mathbf{n}\sin\theta \tag{10.6.5}$$

となる．

したがって (10.6.3),(10.6.5) から

$$\cos t\theta = A + B\cos\theta, \tag{10.6.6}$$
$$\sin t\theta = B\sin\theta \tag{10.6.7}$$

が得られる．

(10.6.6),(10.6.7) を A, B について解けば，

$$A = \frac{\sin(1-t)\theta}{\sin\theta}$$
$$B = \frac{\sin t\theta}{\sin\theta}$$

が得られる．

したがって，四元数 x と y との補間として四元数 z は

$$z = \frac{\sin(1-t)\theta}{\sin\theta}x + \frac{\sin t\theta}{\sin\theta}y \tag{10.6.8}$$

と求められる．これはベクトルの補間 $\mathbf{z}$ の (10.5.3) と一致している．

10.7　おわりに

第 1 章の**四元数へのアクセス**からはじまって，第 2, 3 章の**四元数の発見**の解明，第 4 章から第 9 章の**四元数と空間回転**の議論，第 10 章の**四元数と球面線形補間**と 10 章にわたった，この四元数についてのお話もおわりである．

第 10 章　球面線形補間

　この書を著すもとになった『数学・物理通信』の連載では「四元数とベクトル代数」や「四元数と球面三角法」とか述べたいと思うテーマもあったが，それらは『ハミルトンと四元数』[9] によってすでに取り扱われている．これらのテーマに関心のある方々は同書をひもといていただくのがよい．

10.8　付録 10

10.8.1　付録 10.1　k_0, k_1 の別の導出

　図 10.5 に示したようにベクトル $\mathbf{x}$ と $\mathbf{y}$ をとる．$\mathbf{x}$ と $\mathbf{y}$ の先端を結ぶベクトル $\mathbf{y} - \mathbf{x}$ 上にある 1 点 P(t) をとり，この点 P(t) と原点 O とを結ぶベクトル $\mathbf{z}$ を考える．このベクトル $\mathbf{z}$ はパラメータを t として

$$\mathbf{z} = \mathbf{x} + t(\mathbf{y} - \mathbf{x})$$

と表すことができる [16]．これはまた

$$\mathbf{z} = (1-t)\mathbf{x} + t\mathbf{y} \tag{10.3.11}$$

と表せる．したがって，関数 $k_0 = 1-t$, $k_1 = t$ であることはまったく自然に導かれる．この式から $t = 0$ ならば，

$$\mathbf{z} = \mathbf{x}$$

となり，また $t = 1$ ならば，

$$\mathbf{z} = \mathbf{y}$$

となる．

---
[16] これは t を任意の実数とすれば，ベクトル $\mathbf{x}$ と $\mathbf{y}$ の先端を結ぶ直線をベクトル $\mathbf{z}$ で表したものである．

10.8. 付録10

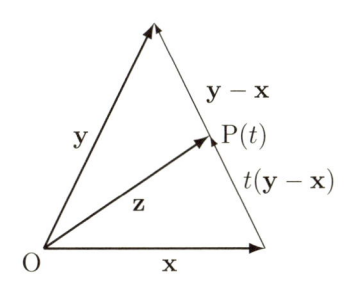

図 10.5: k_0, k_1 の別の導出

一般に
$$\mathbf{z} = k_0 \mathbf{x} + k_1 \mathbf{y} \qquad (10.3.1)$$
と表したとき，もし $k_0(t) = 1-t$, $k_1(t) = t$ ならば，

$$k_0(0) = 1, \ k_1(0) = 0$$
$$k_0(1) = 0, \ k_1(1) = 1$$

はもちろん満たされる．

10.8.2　付録 10.2　$u \to 0$ のとき $f(u) \to u$ となる関数

$u \to 0$ のときに $f(u) \to u$ となるような関数はかなり多く存在する．もっともその中でいちばんはじめに可能性のあるのが本文で挙げた sin 関数である．他に tan 関数も $u \to 0$ のときに $f(u) \to u$ の条件をみたしている．

第 10 章　球面線形補間

数学公式集 [4] に中に出てくる $u \to 0$ のときに $F(u) \to u$ となるような関数を挙げておこう．

$\sin u,$　　　　$\tan u,$　　　$\arcsin u,$　　　$\arctan u,$

$\sinh u,$　　　$\tanh u,$　　　$\sinh^{-1} u,$　　　$\tanh^{-1} u$

$\log(1+u),$　　$\mathrm{e}^u \sin u$　　$\dfrac{\log(1+u)}{1+u}$

等がある．これらを用いて **z** を定義した後で，この **z** の大きさが **x**, **y** の大きさと同じになることが必要である．sin 関数はこの条件をみたす．他のすべての場合を調べたわけではないが，少なくとも関数 tan は条件を満たさない．

10.8.3　付録 10.3　球面線形補間の導出 3

　線形補間から離れるかもしれないが，球面線形補間の導出法はいろいろある．その中でもっとも正統的と思われる 3 番目の導出をこの付録 10.3 で述べよう [5][6]．

　まずベクトル **x** と **y** がある平面上にあり，一次独立であるとしよう (図 10.6 参照)．このときは一般には補間するベクトル **z** を **x** と **y** ですぐに表すことができない．

　しかし，この二つのベクトルが直交している場合には，補間するベクトルを

$$\mathbf{z} = (\cos t\theta)\mathbf{x} + (\sin t\theta)\mathbf{y} \qquad (10.8.1)$$

と表すことができる (図 10.7 参照)．

　では **x** と **y** とが直交はしていないときはどうするか．まず **x** に直交するように Gram-Schmidt の直交化法で新しいベクトルをつくればよい[17]．**x** に直交するように新しく求めたベクトルを **v** とする．

---

[17]新しい直交ベクトルの求め方は付録 10.6 で述べる．

10.8. 付録10

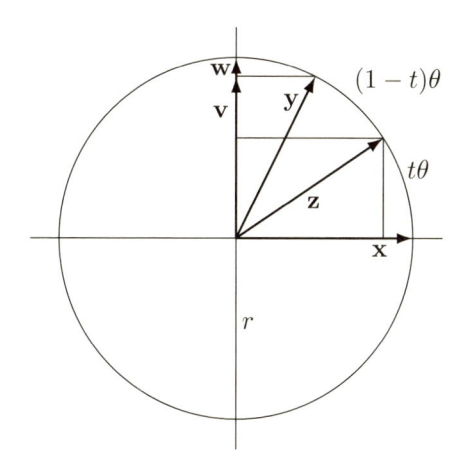

図 10.6: 球面線形補間 3.1

　このベクトルは一般にベクトル **x** や **y** の大きさと同じではない．同じ大きさになるように **v** を正規化したベクトルを **w** と表す[18]．
　このベクトル **w** が得られれば，補間ベクトル **z** は正規直交化された二つのベクトル **x** と **w** とを用いて

$$\mathbf{z} = (\cos t\theta)\mathbf{x} + (\sin t\theta)\mathbf{w} \tag{10.8.2}$$

と表すことができる．
　ここで，すでに **w** は **x** と **y** で表されているから，それを代入すれば，球面線形補間 (10.5.3) が得られる[19]．
　球面線形補間 3 の考え方はきわめて単純である．

---
[18]ここでは正規化は 1 とは限らない一定の大きさ r にすることを意味する．
[19]この計算は難しいものではないが，付録 10.7 に述べる．

第10章 球面線形補間

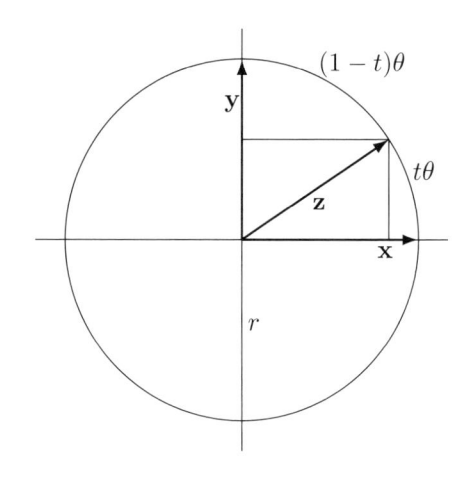

図 10.7: 球面線形補間 3.2

10.8.4　付録10.4　球面線形補間の導出4

4番目の導出法もそんなに難しくはない [7].

ベクトル **x** と **y** との補間として得られるベクトル **z** は

$$\mathbf{z} = k_0 \mathbf{x} + k_1 \mathbf{y} \qquad (10.4.2)$$

と表されるから，この **z** とベクトル **x** と **y** とのスカラー積をとれば，二通りの方法で $\mathbf{z}\cdot\mathbf{x}$ および $\mathbf{z}\cdot\mathbf{y}$ を表すことができる (図 10.8 参照).

z は **x** と $t\theta$ の角をなしているから

$$\mathbf{z} \cdot \mathbf{x} = r^2 \cos t\theta \qquad (10.8.3)$$

170

10.8. 付録 10

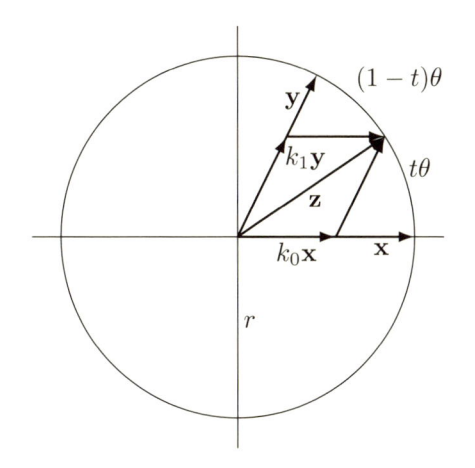

図 10.8: 球面線形補間 4

また **z** は **y** と $(1-t)\theta$ の角をなしているから

$$\mathbf{z} \cdot \mathbf{y} = r^2 \cos(1-t)\theta \tag{10.8.4}$$

が得られる．

ところで，(10.4.2) の **z** と **x**, **y** とのスカラー積をそれぞれとれば，

$$\mathbf{z} \cdot \mathbf{x} = r^2(k_0 + k_1 \cos\theta) \tag{10.8.5}$$

と

$$\mathbf{z} \cdot \mathbf{y} = r^2(k_0 \cos\theta + k_1) \tag{10.8.6}$$

が得られる．

(10.8.3),(10.8.5) と (10.8.4),(10.8.6) から k_0, k_1 についての連

第 10 章　球面線形補間

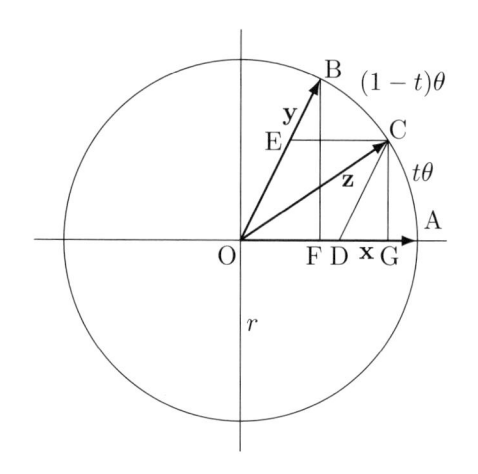

図 10.9: 球面線形補間 5

立 1 次方程式

$$k_0 + k_1 \cos\theta = \cos t\theta$$
$$k_0 \cos\theta + k_1 = \cos(1-t)\theta$$

が得られる．この連立 1 次方程式を解けば，k_0, k_1 の式 (10.4.4) が求められる．

この場合も考え方は難しくはない．

10.8.5　付録 10.5　球面線形補間の導出 5

この 5 番目の導出は代数計算も簡単な方法である [8]．

172

10.8. 付録10

図 10.8 から
$$\mathbf{z} = k_0 \mathbf{x} + k_1 \mathbf{y} \tag{10.4.2}$$
が成り立つ.

図 10.9 から DC ∥ OB であるから △DGC と △OFB とは相似な直角三角形である.

したがって
$$\frac{\overline{\mathrm{OB}}}{\overline{\mathrm{BF}}} = \frac{\overline{\mathrm{DC}}}{\overline{\mathrm{CG}}} \tag{10.8.7}$$
が成り立つ.

△DGC の斜辺は $\overline{\mathrm{DC}} = k_1|\mathbf{y}|$ であり, 高さは $\overline{\mathrm{CG}} = r\sin t\theta$ である. また △OFB の斜辺は $\overline{\mathrm{OB}} = |\mathbf{y}|$ であり, 高さ $\overline{\mathrm{BF}} = r\sin\theta$ である.

これから
$$\frac{|\mathbf{y}|}{r\sin\theta} = \frac{k_1|\mathbf{y}|}{r\sin t\theta} \tag{10.8.8}$$
が導かれる[20]. つぎに DC ∥ OB であるから, ∠COB = ∠OCD = $(1-t)\theta$ が成り立つ. $k_0\mathbf{x}$, $k_1\mathbf{y}$, $\mathbf{z}$ でつくられた三角形において, 三角形の正弦法則を用いれば,
$$\frac{k_0|\mathbf{x}|}{\sin(1-t)\theta} = \frac{k_1|\mathbf{y}|}{\sin t\theta} \tag{10.8.9}$$
が成り立つ.

(10.8.8) から
$$k_1 = \frac{\sin t\theta}{\sin\theta} \tag{10.8.10}$$
と求められ, (10.8.9),(10.8.10) から
$$k_0 = \frac{\sin(1-t)\theta}{\sin\theta} \tag{10.8.11}$$

---

[20] [8] では $\overline{\mathrm{CG}}$ を図 10.9 の三角形 △DGC の高さと考えれば, $\overline{\mathrm{CG}} = k_1|\mathbf{y}|\sin\theta$ が得られ, また三角形 △OGC の高さと考えれば, $\overline{\mathrm{CG}} = r\sin t\theta$ が得られる. これが等しいから, (10.8.8) の両辺に r をかけた式が得られる. ここで, もちろん $r = |\mathbf{y}|$ を用いている.

第 10 章　球面線形補間

と求められる.

　この導出では正弦法則を使うことを思いつきさえすれば，後の計算は簡単である [21].

10.8.6　付録 10.6　Gram-Schmidt の正規直交化

　ここではベクトル $\mathbf{x}$ に正規直交するベクトルをベクトル $\mathbf{y}$ と $\mathbf{x}$ とからつくる.

　ベクトル $\mathbf{x}$ に直交する，新しいベクトルを $\mathbf{v}$ とする．そのベクトルの主要な成分はベクトル $\mathbf{y}$ であるから，

$$\mathbf{v} = \mathbf{y} - a\mathbf{x}$$

とおく．ここで a は未定の係数である．この未定の係数 a を $\mathbf{v}$ と $\mathbf{x}$ とが直交するという条件から決めることができる．すなわち，

$$\mathbf{v} \cdot \mathbf{x} = \mathbf{x} \cdot \mathbf{y} - a|\mathbf{x}|^2 = 0$$

したがって

$$a = \frac{\mathbf{x} \cdot \mathbf{y}}{|\mathbf{x}|^2} = \cos\theta$$

となる．ここで θ はベクトル $\mathbf{x}$ と $\mathbf{y}$ とのなす角である．

　しかし，こうやって求められたベクトル $\mathbf{v}$ はまだ大きさが r に正規化されていない．いまベクトル $\mathbf{v}$ の大きさを r に正規化したときのベクトルを $\mathbf{w}$ と表せば，

$$\mathbf{w} = N\mathbf{v}$$

と表される．ここで N は正規化定数である．

---

[21] [8] では正弦法則を使うとは明言していない.

いま，$|\mathbf{w}| = r$ となるように N を求めよう．

$$N^2|\mathbf{v}|^2 = |\mathbf{w}|^2 = r^2$$

であるから

$$N^2 = \frac{r^2}{|\mathbf{v}|^2} = \frac{1}{\sin^2 \theta}$$

$N > 0$ であるから

$$N = \frac{r}{|\mathbf{v}|} = \frac{1}{\sin \theta}$$

となる．ここで，$\mathbf{v} = \mathbf{y} - (\cos \theta)\mathbf{x}$ であるから $|\mathbf{v}|^2 = r^2 \sin^2 \theta$ となることを用いた．

すなわち，大きさ r に正規直交化されたベクトル $\mathbf{w}$ は

$$\mathbf{w} = \frac{1}{\sin \theta}[\mathbf{y} - (\cos \theta)\mathbf{x}] \qquad (10.8.12)$$

と求められる．

10.8.7　付録 10.7　$\mathbf{w}$ の代入計算

(10.8.12) を (10.8.2) に代入すれば

$$\begin{aligned}
\mathbf{z} &= (\cos t\theta)\mathbf{x} + (\sin t\theta)\frac{\mathbf{y} - (\cos \theta)\mathbf{x}}{\sin \theta} \\
&= \left(\cos t\theta - \frac{\sin t\theta \cos \theta}{\sin \theta}\right)\mathbf{x} + \frac{\sin t\theta}{\sin \theta}\mathbf{y} \\
&= \frac{\sin(1-t)\theta}{\sin \theta}\mathbf{x} + \frac{\sin t\theta}{\sin \theta}\mathbf{y} \qquad (10.5.3)
\end{aligned}$$

となる．

10.8.8　付録 10.8　四元数の差分

四元数の差分は実数の差分とは違っている [10]. 2 つの四元数 x と y があり, x を原点のまわりに角度 θ 回転すれば, y になるとき, この角変位として四元数 x と y の差分 Δz が定義される. すなわち

$$(\Delta z)x = y \tag{10.8.13}$$

と表すことができる.

いま差分としての角変位 Δz を求めたい. それには (10.8.13) に右から x^{-1} をかけて

$$\Delta z = yx^{-1} \tag{10.6.1}$$

と求められる.

角変位 Δz は差分という語のイメージからすれば, y と x との差であるかのように感じられるが, 四元数の場合には四元数の乗算と逆数を用いて表される. そのイメージのギャップがあるので, 慣れることが必要である.

10.8.9　付録 10.9　(10.6.2) の計算

この (10.6.2) を計算するためにはまず差分 Δz のべき乗を定義する必要がある. またそのために四元数の指数関数と対数関数を定義しなければならない. それらについては付録 10.11 で説明する. いま $|x| = 1$ であるから, $x^{-1} = \bar{x}$ が成り立つ. ここで $\bar{x}$ は x の共役四元数である. $x = 1$, $y = \cos\theta + \mathbf{n}\sin\theta$ ととったから

$$y\bar{x} = \cos\theta + \mathbf{n}\sin\theta = e^{\mathbf{n}\theta}$$

となる. ここで

$$e^{\mathbf{n}\theta} = \cos\theta + \mathbf{n}\sin\theta \tag{10.8.14}$$

を用いた[22].

(10.8.14) を用いれば

$$\begin{aligned}
(\Delta z)^t &= (yx^{-1})^t \\
&= \exp[t \log(y\bar{x})] \\
&= \exp(t\mathbf{n}\theta) \\
&= \exp(\mathbf{n}t\theta) \\
&= \cos t\theta + \mathbf{n}\sin t\theta \quad\quad (10.6.2)
\end{aligned}$$

となる．

10.8.10　付録 10.10　四元数の極形式表示

複素数 $z = x + iy$ は極形式で

$$z = x + iy = re^{i\theta} = r(\cos\theta + i\sin\theta)$$

と表される．これと同じように四元数を極形式 (polar form) で表すことを考えよう [11]．

その前に複素数の極形式について少し振り返ってみよう．

$$\begin{aligned}
r &= |z| &&: \text{複素数 } z \text{ の絶対値}, \\
\theta &= \arg(z) &&: \text{複素数 } z \text{ の偏角}, \\
|e^{i\theta}| &= 1 &&: e^{i\theta} \text{ の絶対値が 1}
\end{aligned}$$

であることを思い出そう．これは

1. 任意の複素数は絶対値と大きさ 1 の複素数（単位複素数）との積で表せる．

---

[22] (10.8.14) の導出は付録 10.12 で述べる．

第 10 章　球面線形補間

　　2. 単位複素数は複素数の指数関数で表せる.

ことを示している.

　同じことを四元数 (quaternion) についても行うことができる. 以下にこのことを示す.

　いま一般の四元数を p とし,

$$p = w + ix + jy + kz$$

と表す. このとき

$|p|^2 = p\bar{p} = (w+ix+jy+kz)(w-ix-jy-kz) = w^2+x^2+y^2+z^2$

となる. したがって四元数の大きさ $m = |p|$ は

$$m = |p| = \sqrt{w^2 + x^2 + y^2 + z^2}$$

と表される.

　いま

$$p = m\frac{p}{m}$$

と表せば,

$$u = \frac{p}{m} = W + iX + jY + kZ$$

は単位四元数である. すなわち,

$$u\bar{u} = 1$$

が成り立つ. したがって

$$|u|^2 = W^2 + X^2 + Y^2 + Z^2 = 1$$

であるから

$$W = \cos\theta, \quad X = n_x \sin\theta, \quad Y = n_y \sin\theta, \quad Z = n_z \sin\theta$$

と表すことができる．また

$$|\mathbf{n}|^2 = n_x^2 + n_y^2 + n_z^2 = 1, \quad \mathbf{n} = in_x + jn_y + kn_z$$

を満たすので

$$|u| = 1$$

が成り立つ．

したがって

$$\begin{aligned} u &= W + iX + jY + kZ \\ &= \cos\theta + \mathbf{n}\sin\theta \\ &= \mathrm{e}^{\mathbf{n}\theta} \end{aligned}$$

と表すことができる．

この結果を用いれば

$$\begin{aligned} p &= mu \\ &= |p|\mathrm{e}^{\mathbf{n}\theta} \\ &= \sqrt{w^2 + x^2 + y^2 + z^2}\,\mathrm{e}^{\mathbf{n}\theta} \end{aligned}$$

と複素数に類似の形の極形式で表すことができる．

10.8.11　付録10.11　四元数の指数関数，対数関数，べき乗

最終目的は四元数の差分のべき乗を定義したいのだが，そのために四元数の指数関数と対数関数を定義する [12]．

第 10 章　球面線形補間

はじめに四元数 $p = w + ix + jy + kz = w + \mathbf{r}$ の指数関数 $\exp p = \exp(w + ix + jy + kz)$ を考えよう．

四元数のスカラー（実数）部分 w はベクトル（虚数）部分 $ix + jy + kz$ と交換するから

$$\exp p = \mathrm{e}^w \exp(ix + jy + kz)$$

と二つの部分の積に書くことができる．

付録 10.12 で

$$\exp(ix + jy + kz) = \mathrm{e}^{\mathbf{n}\theta} = \cos\theta + \mathbf{n}\sin\theta$$

と表されることを示した．

したがって

$$\begin{aligned}\exp p &= \mathrm{e}^w \mathrm{e}^{\mathbf{n}\theta} \\ &= \mathrm{e}^w(\cos\theta + \mathbf{n}\sin\theta)\end{aligned} \quad (10.8.15)$$

で四元数 p の指数関数を表す．

この (10.8.15) は $p = q$, $w = a$, $ix + jy + zk = \mathbf{v}$, $\theta = r = |\mathbf{v}|$, $\mathbf{n} = \frac{ix+jy+zk}{r} = \frac{\mathbf{v}}{|\mathbf{v}|}$ とおけば，[12] の p.13 の四元数の指数関数 $\exp q$

$$\exp q = \mathrm{e}^a \left(\cos|\mathbf{v}| + \frac{\mathbf{v}}{|\mathbf{v}|}\sin|\mathbf{v}|\right)$$

と同一である．

また (10.8.15) で $w = 0$ とおき，$p = \mathbf{p}$, $\theta = \alpha$, $\frac{ix+jy+kz}{r} = in_x + jn_y + kn_z = \mathbf{n}$ とすれば，この式は [13] の p.169 の 9-16 式

$$\exp\mathbf{p} = \cos\alpha + \mathbf{n}\sin\alpha$$

が得られる．ここで上の $p = w + \mathbf{r}$ の $\mathbf{r}$ が $\mathbf{p}$ と表されている．

10.8. 付録 10

　続いて四元数の対数関数を定義するが，そのためには四元数の極表示を用いる必要がある．付録 10.10 で見たように四元数 p は

$$p = |p|\mathrm{e}^{\mathbf{n}\theta}, \quad \mathbf{n} = in_x + jn_y + kn_z$$

と極形式で表すことができる．いま

$$p = w + \mathbf{r}, \quad \mathbf{r} = xi + yj + zk$$

とおけば，

$$\mathrm{e}^{\mathbf{n}\theta} = \frac{w}{|p|} + \frac{\mathbf{r}}{|p|}$$
$$\cos\theta + \mathbf{n}\sin\theta = \frac{w}{|p|} + \frac{\mathbf{r}}{|p|}$$

となる．
　したがって，

$$\cos\theta = \frac{w}{|p|}, \quad \mathbf{n}\sin\theta = \frac{\mathbf{r}}{|p|}$$

が得られる．これを w と $\mathbf{r}$ について解けば

$$w = |p|\cos\theta, \quad \mathbf{r} = \mathbf{n}|p|\sin\theta$$

が得られる．極形式表示の p の対数をとれば，

$$\log p = \log|p| + \log\mathrm{e}^{\mathbf{n}\theta}$$
$$= \log|p| + \mathbf{n}\theta$$
$$= \log|p| + \mathbf{n}\arccos(\tfrac{w}{|p|})$$

が四元数の対数関数の定義である．ここで $\theta = \arccos\frac{w}{|p|}$ を用いた．最後の式で $p = q$, $w = a$, $\mathbf{n} = \frac{\mathbf{v}}{|\mathbf{v}|}$ でおきかえれば [12] の p.13 の対数関数の定義

181

$$\log q = \log |q| + \frac{\mathbf{v}}{|\mathbf{v}|} \arccos \frac{a}{|q|}$$

になる．

四元数の指数関数と対数関数とは互いに逆関数であるので

$$\exp \log p = p$$

が成り立つ．

最後に四元数のべき乗を定義しよう．四元数の指数関数と対数関数の定義を用いれば，四元数 p の t 乗は

$$\begin{aligned} p^t &= \exp(t \log p) \\ &= \exp[t(\log|p| + \mathbf{n}\theta)] \\ &= |p|^t e^{\mathbf{n}t\theta} \end{aligned}$$

で定義できる．

もっとも四元数の極形式表示 $p = |p|e^{\mathbf{n}\theta}$ を用いれば，四元数のべき乗は

$$p^t = |p|^t e^{\mathbf{n}t\theta}$$

と簡単に表すことができる．

10.8.12　付録 10.12　(10.8.14) の導出

$$e^{\mathbf{n}\theta} = \cos\theta + \mathbf{n}\sin\theta \tag{10.8.14}$$

は第 3 章で求めた (3.3.4) であるが，記号を少し変えて再度ここに求めておこう．一般の四元数 p

$$p = w + \mathbf{r}, \quad \mathbf{r} = ix + jy + kz$$

のベクトル部分 $\mathbf{r} = ix + jy + kz$ を引数とする，Napir 数 e を底にとった指数関数 $e^{\mathbf{r}} = e^{ix+jy+kz}$ を考えよう[23]．

これから証明すべき関係を先に与えておけば，

$$e^{ix+jy+kz} = \cos\sqrt{x^2+y^2+z^2} + \frac{ix+jy+kz}{\sqrt{x^2+y^2+z^2}}\sin\sqrt{x^2+y^2+z^2} \tag{10.8.16}$$

である．この式の表示を簡単するために

$$\mathbf{r} = ix + jy + kz$$
$$r = \sqrt{x^2+y^2+z^2}$$

を以下で用いる（もし読者がわかり難ければ，元の式に置き戻して考えればよい）．

$e^{\mathbf{r}}$ に対して e^x の Maclaurin 展開を形式的に用いれば，

$$e^{\mathbf{r}} = 1 + \frac{\mathbf{r}}{1!} + \frac{\mathbf{r}^2}{2!} + \frac{\mathbf{r}^3}{3!} + \frac{\mathbf{r}^4}{4!} + \cdots \tag{10.8.17}$$

が得られる．この式の中に現れる $\mathbf{r}^n$ が $n = 2, 3, 4, \cdots$ のときにどうなるか計算すれば

$$\mathbf{r}^2 = -r^2$$
$$\mathbf{r}^3 = -r^2(ix+jy+kz)$$
$$\mathbf{r}^4 = r^4$$
$$\mathbf{r}^5 = r^4(ix+jy+kz)$$
$$\mathbf{r}^6 = -r^6$$
$$\mathbf{r}^7 = -r^6(ix+jy+kz)$$
$$\mathbf{r}^8 = r^8$$
$$\cdots$$

---

[23]Napir 数とは自然対数の底として知られている定数であり，その近似値は $e = 2.718281828$ である．

第 10 章　球面線形補間

が得られる．ここで
$$\mathbf{r}^2 = -r^2$$
であることを繰り返し用いた．念のために $\mathbf{r} = ix + jy + kz$ は四元数のベクトル部（虚数部分）であって，三次元ベクトルではないことに注意を喚起しておこう [24]．

それで (10.8.17) の $\mathbf{r} = ix + jy + kz$ の偶数べきの項では因子 $(ix+jy+kz)$ が現れないが，奇数べきの項では因子 $\mathbf{r} = ix+jy+kz$ が現れるから，偶数べきの項と奇数べきの項を分けてそれぞれ別々にたしあわせ，また $\cos r$ と $\sin r$ の Maclaurin 展開を用いれば

$$\begin{aligned}\mathrm{e}^{\mathbf{r}} &= \left[1 - \frac{r^2}{2!} + \frac{r^4}{4!} - \frac{r^6}{6!} + \cdots\right] \\ &+ \left[\frac{1}{1!} - \frac{r^2}{3!} + \frac{r^4}{5!} - \frac{r^6}{7!} + \cdots\right]\mathbf{r} \\ &= \cos r + \frac{\mathbf{r}}{r}\sin r\end{aligned}$$

いま

$$\mathbf{r} = ix + jy + kz,$$
$$r = \sqrt{x^2 + y^2 + z^2}$$

でおきもどせば

$$\mathrm{e}^{ix+jy+kz} = \cos\sqrt{x^2+y^2+z^2} + \frac{ix+jy+kz}{r}\sin\sqrt{x^2+y^2+z^2} \tag{10.8.18}$$

となる．

$$\frac{\mathbf{r}}{r} = in_x + jn_y + kn_z = \mathbf{n}$$
$$r = \theta$$

---

[24] $\mathbf{r}$ が三次元のベクトルを表す場合には $\mathbf{r}^2 = r^2$ であって，負号 $-$ がつかない．ここが $\mathbf{r} = ix + jy + kz$ の場合とはちがう．詳細は第 4 章の「四元数と空間回転 1」の四元数の積の箇所を見よ．

184

と表せば，(10.8.18) は

$$e^{\mathbf{n}\theta} = \cos\theta + \mathbf{n}\sin\theta \tag{10.8.14}$$

と表すことができる．

また (10.8.18) から

$$|e^{ix+jy+kz}| = 1$$

であることは直ちにわかる．すなわち $e^{ix+jy+kz}$ は大きさ 1 の単位四元数である．

さらに x, y, z を 3 次元の極座標 r, ϕ, ψ で

$$x = r\cos\phi$$
$$y = r\sin\phi\cos\psi$$
$$z = r\sin\phi\sin\psi$$

と表せば

$$e^{r(i\cos\phi + j\sin\phi\cos\psi + k\sin\phi\sin\psi)}$$
$$= \cos r + (i\cos\phi + j\sin\phi\cos\psi + k\sin\phi\sin\psi)\sin r$$

と表される．これは第 3 章の (3.3.6) であった．

また

$$n_x = \frac{x}{r} = \cos\phi$$
$$n_y = \frac{y}{r} = \sin\phi\cos\psi$$
$$n_z = \frac{z}{r} = \sin\phi\sin\psi$$

であるから，

$$n_x^2 + n_y^2 + n_z^2 = 1$$

が確かに成り立つ．

10.9　参考文献 10

[1] K. Shoemake, Animating Rotation with Quaternion Curves, Computer Graphics, **19**(3), (1985) 245-254

[2] 大槻俊明，私信

[3] http://marupeke296.com/DXG_No57_ShearLinearInter WithoutQu.html

[4] M. R. Spiegel,『数学公式・数表ハンドブック』(オーム社, 1995) 111-112

[5] S. R. Buss, *3D Computer Graphics: A Mathematical Introduction with open GL* (Cambridge University Press, 2003) 122-125

[6] http://en.wikipedia.org/wiki/Slerp

[7] Y. S. Kim, クォータニオンによる座標変換, http://www.purose.net/~y-kim/

[8] F. Dunn and I. Parberry（松田晃一　訳），『ゲーム 3D 数学』(オーライリー・ジャパン, 2008) 172-176

[9] 堀源一郎,『ハミルトンと四元数』(海鳴社, 2007)

[10] F. Dunn and I. Parberry（松田晃一　訳），『ゲーム 3D 数学』(オーライリー・ジャパン, 2008) 167-168

[11] http://rip94550.wordpress.com/2010/08/02/Quaternions

[12] http://en.wikipedia.org/wiki/Quaternion

[13] F. Dunn and I. Parberry（松田晃一　訳），『ゲーム 3D 数学』(オーライリー・ジャパン, 2008) 169-170

第11章 四元数の広がり

11.1 はじめに

10章にわたって四元数について書いてきた．しかし，もちろん著者は四元数を研究している専門家ではないし，ましてや四元数を使って仕事をしているプロでもない．

ひょんなことから四元数に関心をもつようになったアマチュアの一人にすぎない．それで本当は四元数についての書で触れるべきだったテーマが他にもあったかもしれない．

それらをよく知っているというわけでもないが，いくつか私の関心事や関連する文献，その他のことを気楽に述べておきたい．それらは読者に残された課題でもあるし，私自身への宿題でもある．

その前にこの書の構成について述べておこう．この書は4部に分けることができる．最初の部分は四元数とか四元数の発見について述べた第1章から第3章である．続いて空間回転の四元数表示である $u = qv\bar{q}$ の導出を行う，第4章から第6章である．さらに，空間回転の四元数表示からはなれた，空間回転の表現について述べた，第7章から第9章である．最後は球面線形補間と四元数について述べた，第10章である．

この構成を心に留めて，読者はそれぞれの関心のある分野に直接進まれるのがよい．もし自分の関心のある分野の知識が十分で

第 11 章　四元数の広がり

ない場合には他の部分にその知識・情報がないかどうかを調べられたらよい．そのために索引をつくっておいた．

　なお，この書は『数学・物理通信』[1] に連載した原稿を再編したものである．その初出の文献を以下に参考に挙げておこう．

　エッセイ [2] - [11] がほぼ本書の第 1 章から第 10 章に対応している．なお，エッセイ [3] はすでに [12] に掲載されたものの改訂版である．

　もちろん，元のエッセイから書籍にするにあたって間違い等を修正したほか，間違いではないが，もって回ったような箇所はできるだけ修正したし，ミスプリの類も修正をした．だから，読みやすくなっているとは思うが，はじめの熱気みたいなものは失われているかもしれない．

11.2　四元数に近づく

　Cauchy-Lagrange の恒等式の一つの証明から四元数に関心をもつようになったという四元数の近づき方をこのシリーズでは示した．それは著者である，私の実体験にもとづくが，多くの人々の四元数への近づき方は別の近づき方をしている．

　多変数の恒等式を因数分解できるようにしたいという考えから代数系として四元数とか Clifford 代数の一つの表現である，Pauli 行列を導入するという方法である．Ikuro [13], sammaya [14] はこの路線であり，私のような四元数への近づき方はむしろ少数派であることを述べておきたい．

11.3 四元数の発見

Hamilton は数論を知らなかったために四元数の発見が遅れたというふうに言われている．数論を知っていれば，三元数が不可能なことは分かっていただろうから，四元数の発見へと歩みが早く進められたのではないかという [15].

それともそういう発見など考えもしなかったか，歴史はその時点にもどして実験をすることができないのでわからない．

第 2, 3 章で述べたのはそれぞれの章で引用された Hamilton の論文の解読である．四元数の積に関する絶対値の条件以外の情報をもたなかった私の解読であるが，その後 [15] の特に pp.179-183 とか [16] の pp.122-123 の訳者補注にもほぼ同じような記述を見つけた．

11.4 四元数と空間回転

四元数と空間回転については多くの文献がこれに触れている．参考文献として前にも挙げた Altmann や Kuipers の書籍をまず挙げておきたい [17][18].

はじめ

$$p' = qp\bar{q} \tag{11.4.1}$$

の四元数の変換公式で

$$q = \cos\frac{\theta}{2} + \mathbf{n}\sin\frac{\theta}{2} \tag{11.4.2}$$

と角度が半角にとられていることと，p を q と $\bar{q}$ でサンドイッチされていることの両方が不思議だった．その点の解明は第 4-6 章の「四元数と空間回転 1-3」で追求してある．

第 11 章　四元数の広がり

　鏡映で一つの軸のまわりの空間回転を表すことを知ったときは驚いた [19][20][21].

　しかし，このことも文献をきちんと読みこむ方々にとっては別に新しいことでもなかったのだろう．たとえば『応用群論』（裳華房）には演習問題として鏡映によって空間回転を表すことが出ている [22].

　同型写像を用いた空間回転の四元数による表示については，[14] ではじめて知った．これはまた [23] にも詳しいが，あまり発見法的な記述ではないのは残念である．

　また，Kim[24] には四元数の方法で $q = \cos\frac{\theta}{2} + \mathbf{n}\sin\frac{\theta}{2}$ が導出される方法が述べられており，新鮮に感じられた[1].

　ベクトルの空間回転については Altmann[25] や Goldstein[26] に説明がある．Altmann の説明が簡潔でいいと思うが，結局は Goldstein によって説明をした．

11.5　四元数から八元数へ

　数の体系としては多元数として，八元数が知られており，そこでは四元数で成り立っていた，結合法則も成立しなくなり，分配法則しか成立しないといわれる．

　しかし，世界は広くそのような数について関心をもつのみならず，書籍を著した方々がおられる．森田 [27] とコンウェイ，スミス [28] とである．

　訳書まで含めて日本語で書かれた，四元数がタイトルの一部となった書籍で私の所有するものはわずか 4 冊である．そのうちの 2 冊が八元数をタイトルに含んでいる．

---

[1]ただし，このサイトの p.12 では，$2b^2 = 1 - \cos\theta$ が正しく，$2b = \cdots$ はミスプリである．

八元数に関心をもつ方々にはこの 2 書がお勧めである．特に森田氏は物理学者であるので，物理に関心がある方にお勧めしたい．これは数学書ではなく物理の書というべきかもしれない．

残りの四元数に関する 2 冊は坪郷氏と堀氏の書籍である．坪郷氏の書 [29] は大部分が複素数のことに費やされており，四元数は最後の 9 章のみである．堀氏の書 [30] はすべて四元数について述べられており，これは四元数のある特定のジャンルについての書ではない．その取り扱うテーマは多岐にわたっており，まさに四元数の専門書籍というにふさわしい．

しかし，その記述は現代数学的ということでもないのだが，やはり読みこなすのは結構難しい．だが，これが読みこなせたらすばらしいと思う．

11.6 四元数とベクトル代数

四元数とベクトルの関連ではやはり堀 [30] を推奨しておこう．さらにベクトル解析，線形代数へと発展した，そのもととなった四元数についての歴史に関しては Crowe の書 [31] を挙げておく．

しかし，Crowe の書を読みこなすなどということは私には程遠い．せいぜい関心のある個所の拾い読みをするくらいしかできていない．

四元数を導く指導原理は「絶対値の法則」と私が名づけた

$$|pq| = |p||q| \tag{11.6.1}$$

であることを知ったのはこの Crowe の書であった．そしてそのことを知った後で他の書を読んでみたら，確かにこの法則が四元数へと導く鍵であったことを多くの書にも触れてあることに気がついた．

第 11 章　四元数の広がり

ある数学史の書を読んで，文章で書かれてあったのに，よくわからなかったことが実はこの「絶対値の法則」であり，式で示してもらったら，すぐにわかっただろうと悔しい思いをした．

11.7　四元数と球面三角法

この分野では堀の書 [30] しか参考文献を私は知らない．もっとも四元数から離れて，球面三角法について学ぶ方法はいくつかあるので，四元数とは別に球面三角法についていつかまとめてみたいと考えている．

平面三角法の書の末尾に付録として球面三角法について述べられていることが多い．そこでは平面三角法を用いて球面三角法の定理を証明してあるが，球面三角法のほうが平面三角法よりも歴史が古いということを数学史の書で読むと，どのような推論で球面三角法の諸定理が導かれたのかを知りたいと思う．

ちょっと考えつくだけでも球面三角法の定理を

1. 発見法的に導く

2. 現代的に導く

3. 平面三角法から導く

4. 四元数を用いて導く

の 4 つのやり方が考えられる．

これをレビューすることは，これからの私の課題としたい．

11.8　四元数の応用

四元数の応用としていくつかの分野が考えられる．

まず第一にロケットや人工衛星の姿勢制御はその応用の一つであろう．

つぎに第二に工場での CNC(Computer Numerical Control) 工作機械での利用も考えられる．

第三として現在一番需要が大きいのは 3 次元コンピュータグラフィックス 3DCG(Three-Dimensional Computer Graphics）における応用であろう．

これらの分野については著者は明るくないので，それぞれに文献を挙げたいが，専門家の示しているところをなぞるだけにしておこう．

第二の分野ではすでに CNC 工作機械である，「多軸加工機用姿勢制御機能をもつ数値制御装置」の特許がある [32]．

第三の分野では特許としては「ブレを含む姿勢情報の時系列からブレを取り除くことのできる姿勢情報平滑化法」を与える特許がある [33]．また 3DCG の一般的な文献としては [34] や [37] 等がある．

なお，[35][36] も 3DCG に必要な数学を説明しているが，この 2 つは四元数をとりあげてはいない．

11.9　その他の文献

その他に通読して興味深い文献として金谷 [38] がある．ところが私の読み方が足りないせいかよくわからなかったところもある．特に球面線形補間のところは結局理解できなかったが，その後その箇所を読み解いた．補注 12.5 を参照せよ．ほかにも英語の文献とかたくさんあるが，参考文献として各章で挙げたもの以外にはあまり参考にはしていない．

第 11 章 四元数の広がり

11.10 参考文献 11

[1] www.phys.cs.is.nagoya-u.ac.jp/ tanimura/math-phys/
[2] 矢野 忠, 四元数に近づく, 数学・物理通信 第 1 巻, 第 9 号 (2011.9) 18-23
[3] 矢野 忠, 四元数の発見へ, 数学・物理通信 第 1 巻, 第 11 号 (2011.12) 16-23
[4] 矢野 忠, 四元数の発見 2, 数学・物理通信, 第 2 巻, 第 1 号 (2012.3) 14-24
[5] 矢野 忠, 四元数と空間回転 1, 数学・物理通信 第 2 巻, 第 2 号 (2012.6) 19-29
[6] 矢野 忠, 四元数と空間回転 2, 数学・物理通信 第 2 巻, 第 5 号 (2012.10) 20-27
[7] 矢野 忠, 四元数と空間回転 3, 数学・物理通信 第 3 巻, 第 1 号 (2013.3) 15-24
[8] 矢野 忠, 四元数と空間回転 4, 数学・物理通信 第 3 巻, 第 2 号 (2013.3) 19-28
[9] 矢野 忠, 四元数と空間回転 5, 数学・物理通信 第 3 巻, 第 5 号 (2013.9) 16-20
[10] 矢野 忠, 四元数と空間回転 6, 数学・物理通信 第 3 巻, 第 8 号 (2013.12) 20-31
[11] 矢野 忠, 四元数と球面線形補間, 数学・物理通信 第 4 巻, 第 2 号 (2014.4) 4-22
[12] 矢野 忠, 四元数の発見, 研究と実践（愛数協）第 101 号 (2009.9) 24-31
[13] http://www.geocities.jp/ikuro_kotaro/koramu/insuubunkai2
[14] 『数学の基礎：実数・虚数・四元数』
http://sammaya.garyoutensei.com/math_phys/math1/inde
[15] J. Stillwell （上野健爾・浪川幸彦 監訳)『数学のあゆみ』下

（朝倉書店）175-197
- [16] ポントリャーギン,『数概念の拡張』(森北出版, 2002) 122-123
- [17] S. L. Altmann, *Rotations, Quaternions, and Double Groups* (Dover, 2005)
- [18] J. B. Kuipers, *Quaternions and Rotation Sequences* (Princeton University Press, 2002)
- [19] momose-d.cocolog-nifty.com/Quaternions_Rotations_Meaning.pdf
- [20] 河野俊丈,『新版 組みひもの数理』(遊星社, 2009) 105-120
- [21] L. C. Biedenharn and J. D. Louck, *Angular Momentum in Quantum Physics: Theory and Application* (Addison-Wesley, 1981) 180-204
- [22] 犬井鉄郎, 田辺行人, 小野寺嘉孝,『応用群論』(裳華房, 1976) 12の問題1.8に「鏡映操作 σ_1, σ_2 の鏡映面の角 θ であるとき, 積 $\sigma_1\sigma_2$ は角 2θ の回転であることを示せ」という問題がある.
- [23] ポントリャーギン,『数概念の拡張』(森北出版, 2002) 53-66
- [24] Y. S. Kim, クォータニオンによる座標変換, http://www.purrose.net/~y_kim/
- [25] S. L. Altmann, *Rotations, Quaternions, and Double Groups* (Dover, 2005) 162-163
- [26] Goldstein, Poole, Safko (矢野, 江沢, 渕崎 訳),『古典力学』(第3版) 上 (吉岡書店, 2006) 177-225
- [27] 森田克貞,『四元数・八元数とディラック理論』(日本評論社, 2011)
- [28] J. H. コンウェイ, D. A. スミス (山田修司 訳),『四元数と八元数』(培風館, 2006)
- [29] 坪郷 勉,『複素数と4元数』(槙書店, 1967)

第 11 章　四元数の広がり

- [30] 堀源一郎,『ハミルトンと四元数』(海鳴社, 2007)
- [31] M. J. Crowe, *A History of Vector Analysis* (Dover, 1994)
- [32] 大槻俊明, 特開 2014-10566, 多軸加工機用工具姿勢制御機能を有する数値制御装置（特許庁, 2014）
- [33] 平賀高市ら, 特開 2007-322392, 姿勢平滑化法およびそのプログラム（特許庁, 2007）
- [34] F. Dunn and I. Parberry (松田晃一　訳),『ゲーム 3D 数学』(オーライリー・ジャパン, 2008)
- [35] 郡山彬, 原正雄, 峯崎俊哉,『CG のための線形代数』(森北出版, 2000)
- [36] 今野晃市,『3 次元形状処理入門』(サイエンス社, 2003)
- [37] 金谷一朗,『3DCG プログラマーのためのクォータニオン入門』(工学社, 2004)
- [38] 金谷一朗,『ベクトル・複素数・クォータニオン』www.nishilab.sys.es.osaka-u.ac.jp

第12章　補注

　この補注は閲読者の K さんから寄せられたコメントに対して、各章のページの大幅な変更をしないためにあまり詳しく触れられなかった事項についての著者の考えを述べたものである．なお、この補注では著者のことを私と表現している．書籍では異例の表現かもしれないが、臨場感を出すためであり、お許しを乞う．

　K さんは「この本で想定している読者がこの書を読み進むとき、どんな感想をもつか、あるいはどんな疑問を抱き、先に進む不安感をもつのか」を考えながらコメントをしたと言われている．

　この補注が読者の四元数の一層の理解に寄与することを願っている．

12.1　$\sqrt{-1}$ の定義

　$\sqrt{-1}$ の定義が必要である．ここでは四元数 $\beta^2 = -1$ の解を表している．「四元数では、-1 の平方根が無数にある」というようなコメントがないと、同じ記号で表しているにも関わらず、「独立である」とは読者には納得できないのではないか．

　（答）　確かにそうですね．しかし、i は普通の複素平面上でのベクトル $\overrightarrow{01}$ を $90° = \pi/2$ 回転して得られるのに対して、j はこの複素平面に垂直な平面を考えてその平面上でのベクトル $\overrightarrow{01}$ を

第12章　補注

$90° = \pi/2$ 回転して得られるから,「独立である」ことは直観的に明らかだと思っていたのです (図 2.1 と 2.2 参照).

もっとも k はそのような空間幾何学的なイメージを描くことができないので，困ってしまいます.

j はいま複素平面に垂直な面上での回転を考えたのですが，もっと一般的に元の複素平面と任意の角度をなす平面を考えるとその平面上での $90° = \pi/2$ 回転はいくらでも自由に考えることができます. そして $180° = \pi$ 回転すれば，それはすべて -1 となります. しかし，それらの一次独立性から「-1 の平方根が有限個になる」のではないかと思っていました.

実は四元数 $\beta^2 = -1$ の解がいくつあるかなどと考えたこともなかったのですが，私なりに考えてみます.

四元数を $\beta = w + xi + yj + zk$，（w, x, y, z は実数）としたとき，その 2 乗が -1 となる，w, x, y, z の値を具体的に求めてみれば，確かに $w = 0$ 場合に $x^2 + y^2 + z^2 = 1$ を満たす x, y, z も解です. これは原点を中心にした半径 1 の球面上のすべての点を幾何学的には表しています. したがって四元数 $\beta^2 = -1$ の解は無数に存在しており，その他に解として $\pm i, \pm j, \pm k$ もあることもわかります.

ちょっと詳しく述べれば，β^2 は

$$\beta^2 = [w^2 - (x^2 + y^2 + z^2)] + 2w(xi + yj + zk)$$

となる. いま $\beta^2 = -1$ となる，解 w, x, y, z を求める方程式は

$$w^2 - (x^2 + y^2 + z^2) = -1$$
$$2wx = 0$$
$$2wy = 0$$
$$2wz = 0$$

となる．この方程式を解けば，解として

$$w = 0, \quad x^2 + y^2 + z^2 = 1 \text{ を満たす } x, y, z$$

が求められる．その中に

$$w = y = z = 0, \quad x = \pm 1, \quad (\beta = \pm i \text{ に対応})$$
$$w = x = z = 0, \quad y = \pm 1, \quad (\beta = \pm j \text{ に対応})$$
$$w = x = y = 0, \quad z = \pm 1, \quad (\beta = \pm k \text{ に対応})$$

も含まれる．なお，

$$w = x = y = z = 0$$
$$x = y = z = 0, \quad w = \text{任意の実数}$$

の二つの場合は解とはならない．

12.2 四元数の直交の概念

　四元数に「直交」の概念が導入されていない．したがって，ベクトル空間の場合の直交補空間の考えをそのまま適用してよいのかという疑問がある．
　(答) 確かにそうです．実は参考にした文献 [1] では四元数の全

第 12 章 補注

体がベクトル空間をなし,実数の四元数は 4 次元ベクトル空間の部分空間 R であり,実部のない四元数はやはり同じベクトル空間の部分空間 I であると書かれています.もっともその理由が私には理解できなかったので,きちんと四元数の空間での部分空間 R と I との直交性を示すことができなかったのです.

コメントにしたがって四元数の直交の概念をきちんと導入しました.詳しい説明を以下に述べます.

複素数を $a+ib$ ではなく,2 つの実数の組 (a, b) で表すこともできる.それと同様に四元数を $w+xi+yj+zk$ ではなく,4 つの実数の組 (w, x, y, z) で表すこともできる.このとき $(w,x,y,z) = w(1,0,0,0) + x(0,1,0,0) + y(0,0,1,0) + z(0,0,0,1)$ と表すことができるので,これから四元数における 4 つの基底

$$1 = (1,0,0,0)$$
$$i = (0,1,0,0)$$
$$j = (0,0,1,0)$$
$$k = (0,0,0,1)$$

を導入することができる.

だが,$1, i, j, k$ の間の演算規則が定められないと,四元数の演算規則は決まらない.しかし,すでに第 2 章において,これらの演算規則は定められている.

以上のことを前提にして四元数の全体が 4 次元ユークリッド・ベクトル空間であることを示そう.

四元数 α を

$$\alpha = d + ai + bj + ck, \quad (d, a, b, c : \text{実数})$$

で表せば,四元数の全体は $1, i, j, k$ を基底とする 4 次元のベクトル空間となっている.なぜなら,二つの四元数 α と β について

12.2. 四元数の直交の概念

の和 $\alpha + \beta$ および $a\alpha$ (a : 実数) もまた四元数であるから．

四元数 α, β をそれぞれ

$$\alpha = (d, a, b, c)$$
$$\beta = (w, x, y, z)$$

と表し，スカラー積を

$$\alpha \cdot \beta = dw + ax + by + cz$$

で定義すれば，

$$1 \cdot i = 1 \cdot j = 1 \cdot k = 0$$
$$i \cdot j = j \cdot k = k \cdot i = 0$$
$$1 \cdot 1 = i \cdot i = j \cdot j = k \cdot k = 1$$

が成り立つ．したがってこのようにとられた基底 $1, i, j, k$ は正規直交基底となっている．また，四元数の全体 K^4 は上でスカラー積が定義されたからユークリッド・ベクトル空間になっている．

いま四元数 γ, δ をそれぞれ

$$\gamma = w, \quad (w : 実数) \quad \epsilon R$$
$$\delta = xi + yj + zk, \quad (x, y, z : 実数) \quad \epsilon I$$

ととれば

$$\gamma \cdot \delta = w \cdot (xi + yj + zk) = 0$$

であるから，部分空間 R と I とは互いに直交補空間になっている．

二つの四元数の積は第 2 章で与えてあるが，

$$(\alpha\beta)^t = \begin{pmatrix} dw - (ax + by + cz) \\ dx + aw + bz - cy \\ dy + bw + cx - az \\ dz + cw + ay - bx \end{pmatrix}$$

201

で定義してもよい．ただし，$(\alpha\beta)^t$ は $\alpha\beta$ の転置行列である．この四元数の積の定義を用いれば，$i^2 = -1, j^2 = -1, k^2 = -1$ に対応した

$$(0,1,0,0)^2 = -(1,0,0,0)$$
$$(0,0,1,0)^2 = -(1,0,0,0)$$
$$(0,0,0,1)^2 = -(1,0,0,0)$$

が成り立つことを示すことができる．

　四元数全体を 4 次元のユークリッドベクトル空間とみたときのスカラー積の定義と四元数の積との区別が私にはついていなかった．これは複素数の場合にも同様なことがある．複素数の場合にも 2 次元ベクトル空間の性質の他に複素数としての積を定義すれば，複素数体が得られる [2]．ベクトル空間ではベクトルと実数の積は定義されているが，ベクトルのスカラー積はユークリッド・ベクトル空間でないと定義されない．また，複素数とか四元数の積は別に定義しなくてはならない．

12.3　$1, i, j, k$ の行列表示

　補注 12.2 で四元数の 4 つの元を 4 行 1 列の行列で表すことについて述べてある．それは四元数の一つの行列表示である．しかし，四元数の元を行列に表示することは第 7 章で初めて出てくる．

　読者にとって四元数とは数の実数の 1，虚数単位 i に加えて虚数単位 i と同じように振舞う j, k をつけ加えた $1, i, j, k$ で表された数が「四元数のイメージ」でしょう．そうだとすると実数 1 に単位行列を対応させ，i, j, k に Pauli 行列を対応させるということは暗黙の了解事項とはいえない．

12.3. $1, i, j, k$ の行列表示

　　さらに，これらの 4 個の行列の積が p.14 の表 1.1 の乗積表を満足することを述べたほうがよいのではないかと思います．すなわち，このことを一言でいえば，この対応で四元数の代数系は壊れないか．

（答） 端的にお答えをすれば，i, j, k と Pauli 行列との対応を

$$i \to -i\sigma_1, \quad j \to -i\sigma_2, \quad k \to -i\sigma_3 \tag{7.12}$$

と対応させても四元数の代数系は壊れない．

　　しかし，そうはいっても納得できない方もあるかも知れませんので，以下に少し説明します．

　　Pauli 行列は

$$\sigma_1 = \begin{bmatrix} 0 & 1 \\ 1 & 0 \end{bmatrix}, \quad \sigma_2 = \begin{bmatrix} 0 & -i \\ i & 0 \end{bmatrix}, \quad \sigma_3 = \begin{bmatrix} 1 & 0 \\ 0 & -1 \end{bmatrix} \tag{7.2}$$

であった．これに 2 行 2 列の単位行列 σ_0

$$\sigma_0 = \begin{bmatrix} 1 & 0 \\ 0 & 1 \end{bmatrix} \tag{12.3.1}$$

をつけ加えた，4 つの 2 行 2 列の行列の組 $\sigma_0, \sigma_1, \sigma_2, \sigma_3$ を考えよう．2 つの 2 行 2 列の積はやはり 2 行 2 列の行列であることは明らかだから，それらの積がこの 4 組の行列で表されるためにはこれらが一次独立であることが必要である．そのことを見ておこう．

$$a\sigma_0 + b\sigma_1 + c\sigma_2 + d\sigma_3 = 0 \tag{12.3.2}$$

となるのが，$a = b = c = d = 0$ に限られるとき $\sigma_0, \sigma_1, \sigma_2, \sigma_3$ は一次独立である．

　　ところで (12.3.2) は

$$\begin{bmatrix} a+d & b-ci \\ b+ci & a-d \end{bmatrix} = 0 \tag{12.3.3}$$

203

第12章　補注

となる．これから

$$a + d = 0$$
$$a - d = 0$$
$$b - ci = 0$$
$$b + ci = 0$$

が得られる．したがって

$$a = 0,\ b = 0,\ c = 0,\ d = 0$$

となり，$\sigma_0, \sigma_1, \sigma_2, \sigma_3$ が一次独立であることが示された．

この4組の行列の積はつぎのような乗積表 12.1 にしたがう．こ

表 12.1: 乗積表

	σ_0	σ_1	σ_2	σ_3
σ_0	σ_0	σ_1	σ_2	σ_3
σ_1	σ_1	σ_0	$i\sigma_3$	$-i\sigma_2$
σ_2	σ_2	$-i\sigma_3$	σ_0	$i\sigma_1$
σ_3	σ_3	$i\sigma_2$	$-i\sigma_1$	σ_0

こで $\sigma_n^2 = \sigma_0\ (n = 0, 1, 2, 3)$, $\sigma_0 \sigma_p = \sigma_p \sigma_0 = \sigma_p,\ (p = 1, 2, 3)$, $\sigma_1 \sigma_2 = -\sigma_2 \sigma_1 = i\sigma_3$, (添字 1, 2, 3 をサイクリックに循環した式) の関係が成り立っていることは簡単に示すことができる．

乗積表 12.1 での $\sigma_0, \sigma_1, \sigma_2, \sigma_3$ を $\sigma_0, -i\sigma_1, -i\sigma_2, -i\sigma_3$ と変更すれば，乗積表 12.2 が得られる．この表で

$$\sigma_0 \to 1,\quad -i\sigma_1 \to i,\quad -i\sigma_2 \to j,\quad -i\sigma_3 \to k \qquad (12.3.4)$$

表 12.2: 乗積表

	σ_0	$-i\sigma_1$	$-i\sigma_2$	$-i\sigma_3$
σ_0	σ_0	$-i\sigma_1$	$-i\sigma_2$	$-i\sigma_3$
$-i\sigma_1$	$-i\sigma_1$	$-\sigma_0$	$-i\sigma_3$	$i\sigma_2$
$-i\sigma_2$	$-i\sigma_2$	$i\sigma_3$	$-\sigma_0$	$-i\sigma_1$
$-\sigma_3$	$-i\sigma_3$	$-i\sigma_2$	$i\sigma_1$	$-\sigma_0$

と対応させて，$1, i, j, k$ で書き表せば，それは p.14 の表 1.1 の乗積表となっている．

12.4　Gimbals lock の自由度

　$\theta = 0$ を指定したのだから，自由度が 1 失われるのは自明だが，さらにもう一つ自由度が落ちていることを gimbals lock というのだと思います．回転行列 R が $\psi + \phi$ にのみ依存しているので，ψ を独立に変化させても ψ の大きさに応じて ϕ の値が決まる．逆に ϕ を独立に変化させても ϕ の大きさに応じて ψ の値が決まる．回転軸は最初の z 軸から動かない．独立な 3 個のパラメーターの 1 つ θ を決めただけなのに残っているのは一つのパラメーター $\psi + \phi$ だけである．したがって，自由度を 2 つ失って，残っているのはただ一つの自由度だけである．

（答）確かにそうですね．[3] にはきちんと書いてあるのにどうも正確に理解していなかったです．それに加えて日本語の wikipedia[4] の記事の「航空宇宙分野の慣性航法システムのジャイロにおけるジンバルなど，3 軸の全てに自由な運動がある場合は，機体の回

第 12 章　補注

転によって 3 つのジンバルリングのうち 2 つの軸が同一平面上にそろってしまうジンバルロックという現象が発生しうる．発生すると，本来 3 あるはずの自由度が 2 になってしまう」の最後の部分の記述に引きずられてしまったようですね．

12.5　参考文献 12

[1] ポントリャーギン（宮本敏雄・保坂秀正　訳）『数概念の拡張』（森北出版，2002）49-50
[2] 片山孝次『複素数の幾何学』（岩波書店，1982）217-219
[3] http://en.wikipedia.org/wiki/Gimbal_lock
[4] http://ja.wikipedia.org/wiki/ジンバルロック

あとがき

　この書は私が2007年ごろから関心をもつようになった四元数に関する私のまとめである．四元数の知識がまったくなかったにもかかわらず，四元数に関心をもつようになったのはそれがCauchy-Lagrangeの恒等式を証明する一つの方法だということからであった．

　だから，人はなんでも自分の関心事を追求していけば，かなり遠いところまで行くことができるという一つの例にはなるかもしれない．

　もっともある分野の狭い範囲をただうろちょろしただけで新しいことを生み出さなかったという点で批判があるだろう．その批判は甘んじて受けるつもりである．

　新しい科学や工学の研究や発明にしてもやはり過去の天才たちの創造の秘密を知るくらいでなければ，真に新しいことはできないのではないかと密かに思っている．ただ，それが過去の学問に偏りすぎると私の二の舞になるのであろう．そういう点は心しなければならない．

　私のような何でも納得できないと気のすまない気質の人が四元数の初等的なことについてはもう悩まないでいいくらいに詳しく述べたつもりである．そしてそのことを早く卒業して，もっと創造的な仕事にとりかかってほしい．そのための一助になれば，どんなにうれしいことだろう．

あとがき

　おわりに何人かの方々に感謝の意を表したい．この書の出版を勧めて頂き，長い間忍耐強く待って頂いたことに対して，海鳴社社長の辻信行氏に深く感謝する．また，Kさんには読者の立場になって原稿を批判的に読んで頂き，考えの不備や記述の不十分さを指摘して頂いた．深く感謝をしたい．それからこの書のもととなったエッセイの発行時にいつも批判的にかつ注意深く読んで，コメントを寄せられた義弟の大槻俊明氏にもその労に感謝する．そして最後になるが，いつも明るく私を励ましてくれる，私の妻，明美にも感謝の気持ちを伝えたい．

索引

x 規約, 134
xyz 規約, 135
y 規約, 134

Altmann, 121
argument, 33
azimuthal angle, 47

Cauchy-Lagrange, 1–207
　　—の恒等式, 7
colatitude, 47
conical transformation, 121

Euler, 42
　　—角, 121, 152
　　—の公式, 42
　　　　—の四元数版, 46

gimbal lock, 148
Gram-Schmidt
　　—の正規直交化, 174
guiding principle, 23

Hamilton, v, 16, 189

Kuipers, 55, 62

law of moduli, **18**
longitude, 47

Maclaurin 展開, 44, 183

Napir 数, 183

Pauli
　　—行列, 103, 114, 115, 202

quaternion, 7, **21**

Rodrigues, 121–128
　　—の回転公式, 121, 124

SO(3), 93
　　—表現, 93
SU(2), 102
　　—の表現, 102

エルミート, 106, 118
　　—共役行列, 105, 118

索 引

回転角, 50
回転行列, 138
回転座標系, 129
回転軸, 122

逆関数, 182
逆元, 7
逆四元数, 52
球面線形補間, 152
鏡映, 71
鏡映変換, 71, **73**, 78
鏡映面, 77
共役四元数, 51
共役複素数, 105
極座標, 48
極角, 47
距離空間の公理, 6

空間回転, 55, 120

経度, 47

恒等変換, 71
固有回転, 140

差分, 162
　　—のフラクション, 162

四元数, **3**, **16**, **21**
　　—体, 7
　　—の大きさ, 178
　　—角変位, 163, 176
　　—の基底, 4
　　—球面線形補間, 152, 162
　　—の共役, 5
　　—の極形式表示, 177, 182
　　—の虚部, 51
　　—の差分, 163, 176
　　　—のべき乗, 179
　　—の指数関数, 179, 180
　　—の実部, 51
　　—の除法, 25
　　—のスカラー部分, 51
　　—の積, 75
　　—の対数関数, 179, 181
　　—の代数系, 21
　　—のノルム, 52
　　—のべき乗, 182
　　—のベクトル部分, 51
自然対数の底, 183
指導原理, 23
自由度, 129
受動的観点, 134
乗積表, 5, 23

スカラー
　　—積, 53, 59, 124, 201

正弦法則, 174

索引

静止座標系, 129
絶対値, 6
　　—の条件, 18, 37
　　—の法則, 18, 40
線形変換, 96
線形補間, 152

退化型, 54
対角成分, 96
単位行列, 138
単位四元数, 52, 94, 178
単位複素数, 177

直交行列, 96, 143
直交条件, 143
直交変換, 97
直交補空間, 86, 89, 92

転置行列, 138

同形写像, 83, 84
トレース, 106, 118

能動的観点, 134
ノルム, 6

反転, 140

非固有な回転, 140

複素数, 29

　　—の極形式, 177
　　—極座標表示, 29
　　—の積, 31
ベクトル
　　—空間, 86
　　—積, 53, 59, 124
　　—の球面線形補間, 152, 162
　　—の空間回転, 121
　　—の正規直交性, 131
　　—の線形補間, 152, 153
偏角, 33

方位角, 47
方向余弦, 50, 58, 94, 130, 132
補間, 152

無限小の角, 139

ユニタリー
　　—行列, 105
　　—条件, 115
　　—変換, 104

余緯度, 47

離散変換, 71

連続変換, 71

211

著者：矢野　忠（やの　ただし）
　　　1939 年　愛媛県今治市生まれ
　　　1963 年　広島大学理学部物理学科卒業，同大学院を経て
　　　1968 年　愛媛大学講師（工学部）
　　　1976 年 -1977 年　フンボルト財団奨学生（ドイツ・マインツ大学）
　　　1983 年　愛媛大学教授（工学部）
　　　2005 年　定年退職
　　　現在　　愛媛大学名誉教授，理学博士
　　著訳書
　　　『数学散歩』（国土社，2005）
　　　『物理数学散歩』（国土社，2011）
　　　ゴールドスタイン『古典力学』第 3 版　上，下（吉岡書店，2006, 2009）

四元数の発見
　　2014 年 10 月 1 日　第 1 刷発行
　　2022 年 11 月 20 日　第 2 刷発行

発行所：㈱海鳴社　http://www.kaimeisha.com/
　　〒 101-0065　東京都千代田区西神田 2－4－6
　　E メール：info@kaimeisha.com
　　Tel．：03-3262-1967　Fax：03-3234-3643

JPCA

本書は日本出版著作権協会 (JPCA) が委託管理する著作物です．本書の無断複写などは著作権法上での例外を除き禁じられています．複写（コピー）・複製，その他著作物の利用については事前に日本出版著作権協会（電話 03-3812-9424, e-mail:info@e-jpca.com）の許諾を得てください．

発 行 人：辻　信 行
印刷・製本：モリモト印刷

出版社コード：1097　　　　　　　　　© 2014 in Japan by Kaimeisha
ISBN 978-4-87525-314-3　　落丁・乱丁本はお買い上げの書店でお取替えください

海鳴社の数学書

三角形と円の幾何学　数学オリンピック幾何問題完全攻略
安藤哲哉 / 円や三角形に関する基本的で重要な定理であるが、国内の教科書でほとんど取り上げられていないものを扱う。新しい視点、新しい知見を提供する。

A5 判 214 頁、2000 円

ピタゴラスからオイラーまで　読む授業
坂江 正 / なるほどそうだったのか…紀元前から近代までの数学を一望。それは、高校数学の総決算であり、大学数学への入門書でもある。中学卒業したてから読める。

A5 判 520 頁、2700 円

オイラーの解析幾何
L.オイラー著・高瀬正仁訳 / 本書でもって有名なオイラーの『無限解析序説』の完訳！図版 149 枚を援用しつつ、曲線と関数の内的関連を論理的に明らかにする。

B5 判 510 頁、10000 円

なるほど確率論
村上雅人 / 発展途上のこの分野の現代的な確率論入門書。多くの例題を集めて、確率論の基本を理解できるように工夫した。

A5 判 310 頁、2800 円

なるほどフーリエ解析
村上雅人 / フーリエ級数展開の手法と、それがフーリエ変換へと発展した過程を詳説し、これら手法が具体的にどのように応用されるかを紹介。

A5 判 248 頁、2400 円